西安石油大学优秀学术著作出版基金资助
西安石油大学油气资源经济管理研究中心资助
西安石油大学青年科技创新基金项目资助

宁夏荒漠化治理
综合效益评价研究

朱海娟 ◎ 著

中国社会科学出版社

图书在版编目（CIP）数据

宁夏荒漠化治理综合效益评价研究/朱海娟著.—北京：中国社会科学出版社，2016.7

ISBN 978-7-5161-8731-9

Ⅰ.①宁… Ⅱ.①朱… Ⅲ.①沙漠化—沙漠治理—研究—宁夏 Ⅳ.①S156.5

中国版本图书馆CIP数据核字(2016)第182715号

出版人 赵剑英
责任编辑 王 曦
责任校对 周晓东
责任印制 戴 宽

出　　版 中国社会科学出版社
社　　址 北京鼓楼西大街甲158号
邮　　编 100720
网　　址 http://www.csspw.cn
发 行 部 010-84083685
门 市 部 010-84029450
经　　销 新华书店及其他书店

印　　刷 北京金瀑印刷有限责任公司
装　　订 廊坊市广阳区广增装订厂
版　　次 2016年7月第1版
印　　次 2016年7月第1次印刷

开　　本 710×1000 1/16
印　　张 11.5
插　　页 2
字　　数 179千字
定　　价 46.00元

摘　要

土地荒漠化不仅破坏了生态环境，而且也成为经济社会可持续发展的制约因素。宁夏的荒漠化情况非常严重，根据最新的检测数据，宁夏荒漠化土地面积累计达到289.88万公顷，约为全区土地总面积的55.8%。从20世纪70年代开始，国家在宁夏地区先后实施了“三北”防护林、退耕还林还草、山区小流域治理、天然保护林、封山禁牧等工程，随着这些生态工程的实施，已经有效地抑制了宁夏荒漠化的进一步扩张。

荒漠化治理工程对改善生态环境、促进经济发展、构建和谐社会起着积极作用。在荒漠化治理过程中，如何有效地利用投入资金，如何提高治理效果，如何在治理过程中兼顾生态、经济、社会利益，如何切实提高农牧民的生活水平，这都是值得我们研究的问题。

本书将规范研究和实证研究、定量研究与定性研究相结合，将生态学、生态经济学、系统学、景观生态学的理论和方法与宁夏荒漠化治理的实践相结合，描述了荒漠化治理工程对区域生态环境和社会经济的影响，分析了工程对农业综合生产力、农户生产效率、农民收入结构和消费结构的影响，基于能值理论研究了宁夏荒漠化治理前后的生态经济效应，运用耦合度模型和耦合协调度模型研究了生态经济系统的耦合协调状况，在此基础上对工程的综合效益进行了定量的评价。主要研究内容和创新性如下：

（1）根据政府和市场对荒漠化治理工作参与程度的不同，将宁夏的荒漠化治理的管理模式分为三种类型，即政府主导型、政府推动型、市场导向型。本书分析了政府主导型的荒漠化治理制度内部运行机制和该制度的优势和缺点。“三北”防护林制度和退耕还林制度是典型的政府主导型的荒漠化治理模式，前者主要靠政府的强制驱动力实施，后者则是有农户被动参与的一种荒漠化治理模式。研究了宁夏在引进德援项目过程中参与式管理的运作机制。构建了以政府调控为核心，以农户和委托公司为第三方的市场化生态环境治理制度框架。

（2）荒漠化治理对生态环境和社会经济的影响。本书选取涵养水源、固碳释氧、净化空气等指标，运用市场价值法、费用替代法等方法研究了荒漠化治理生态系统服务功能及价值的时空变化。研究了工程实施前后宁夏地区的农业综合生产力、农户生产效率、经济收入和农户消费结构等几个方面的变化情况。结果表明：在对农业综合生产力的影响方面，在没有实施荒漠化治理工程以前，农作物播种总面积、农业劳动力、化肥投入量对农业总产值影响较大。实施荒漠化治理工程以后，农业劳动力投入的弹性系数减少了0.079，土地的生产弹性系数从3.442上升为4.081。化肥投入量的生产弹性系数略有增加。荒漠化治理政策自身对于农业总产值的贡献度为0.247。对农户农业生产效率的影响分析：实施荒漠化治理工程后，农户的农业生产技术效率和综合效率逐步提高，规模效率则出现先增长后下降的趋势。工程实施后，劳动力、化肥、农药的施用量、种子和地膜等农业生产资源投入和产出松弛均呈减少趋势。农民收入呈现增加趋势，收入结构趋向多样化；工程实施后农民的消费结构得到了调整，食品支出呈下降趋势，医疗、教育等方面的消费呈上升趋势。

（3）荒漠化治理生态经济效应研究。本书运用能值理论和方法，通过分析宁夏荒漠化治理工程实施前后生态经济系统投入和产出的变化情况，评价了该地区荒漠化治理的生态经济效应。研究表明：从1975年的6.98E+22sej增长到2013年的8.43E+22sej，能值投入量2013年比1975年增长了20.77%，但年总能值产出由1975年的1.75E+22sej增长到2013年的2.64E+22sej，增长了50.8%。这说明宁夏的产出量的增长幅度大于投入增长幅度。在能值投入结构方面：工业辅助能值呈现增长趋势；不可更新环境资源投入量呈现下降趋势，表明荒漠化治理对减少水土流失具有积极的作用；可更新有机能值投入量也出现下降趋势。总能值产出结构向多元化方向发展，改变了以往种植业占绝对优势的局面，林业的能值产出增长较快。同时该地区能值投资率和环境负载率经历了先增加，后减少的趋势，净能值产出率呈现先增后降，再增长的趋势。说明荒漠化治理后系统的功能逐步完善，生态和经济向协调方向发展。

（4）通过建立耦合度和耦合协调度模型，运用了层次分析法，分析了宁夏荒漠化治理的生态经济系统耦合情况。本书研究表明，宁夏荒漠化治理的生态水平有了较大幅度的提高，系统的耦合状况从最初的严重失调衰退类生态损益型过渡到初级协调发展类生态滞后型，系统的耦合水平在逐年提高。但是，由于自然条件和工程实施的长期性等因素的制约，宁夏生态系统的耦合协调状况大多处于初级协调发展型，没有出现中级或者良好的状态。

（5）建立了宁夏荒漠化治理效益评价指标体系和评价模型，对荒漠化治理工程实施前后的综合效益进行评价。本书研究表明，该地区的综合效益在逐步提高，从 1978 年的 0.16 增长到 2004 年的 0.4，治理级别从差向中级转化，到 2012 年综合效益值达到 0.6，治理效益向良好等级发展。

关键词： 荒漠化治理；综合效益；生态经济系统；耦合

ABSTRACT

Land desertification is not only a global ecological environment problem, but also a restricting factor to sustainable economic and social development. Ningxia HUI Autonomous Region is one of the provinces most seriously harmed by desertification in China. Data from the fourth monitoring on desertification indicates the land area of desertification reaches up to 2. 898 million hectares accounting for 55. 8% of the nationwide area. Since the 1970s, China has been implementing in Ningxia a succession of projects to control the desertification, such as Three – North Shelterbelt project, farmland into forest and grassland, small watershed in mountain region, The Natural Forest Conservation, closing hillsides to prohibit herding, etc, which in total 522, 000 hectares are controlled so far. Ningxia is the first in the country to achieve the overall reversion of land desertification.

The implementation of the Desertification control to improve the ecological situation and to promote the local economic construction plays an important role in the revitalization of the regional economy. During the process of desertification, it is worthwhile for us to study how to make effective capital investment, how to enhance the control effect, how to measure the ecological, economic, social benefits, and how to practically improve the living standards of farmers and herdsmen.

Based on the standardized research and empirical research, quantitative research and qualitative research in association with the theories and methods of ecology, ecological economics, system science, landscape ecology and other kinds together with the practice of Ningxia desertification control, this paper starts with the descriptive analysis on Desertification control project on the ecological environment and social economic influence in the region, analyzes the effect of the project on the agricultural comprehensive productivity, production efficiency of farmer household, farmers' income and consumption structure, studies with energy theory the economic and ecological effects of pre and post Ningxia desertification controlling, and utilizes quantitative research on the coupling conditions by using the coupling degree model and coordination degree model of Ningxia before and after the treatment of desertification of the eco – economic system. It illustrates the quantitative evaluation on the comprehensive benefit of the project. The main results of this research could be concluded as follows:

(1) According to different participation of the government and market on desertification control, the management patterns of desertification in Ningxia are divided into three types—the government – led, rural community self – governed, ecological (participatory management), market oriented. This paper analyzes the advantages and disadvantages of the government – dominated the internal operation mechanism of desertification control system. Three – North Shelterbelt project and farmland into forest and grassland are the typical type of government – dominant desertification. The former is driven by the force of the government while the latter is passive participation by rural households. Meanwhile the paper talks about the operation mechanism of Ningxia in the introduction of Germany aid project in the process of participatory management; discusses the necessity and feasibility of constructing the market desertification governance that can effectively consolidate the desertification results and solve the ecological problems and poverty. The system of desertification control market is created: government regulation as the core, with farmers and commissioned companies as cooperation are the framework for the ecological environment governance system.

(2) Based on the actual situation of research location, the spatio-temporal changes of ecosystem service function and value combined with a

series of are measured by such indexes as water storage, soil conservation, air purification and others, associated with a series of scientific methods. The project has changed agricultural comprehensive productivity, farmers' production efficiency, farmers' income and consumption structure in Ningxia, and the changes have been studied in this thesis. The results show that: On the aspect of agricultural comprehensive productivity, before the project, the total sown area, agricultural labor and the quantity of chemical fertilizer all affect the total agricultural output value greatly. After the project, the elasticity coefficient of agricultural labor reduced 0.079, while the elasticity coefficient of land productivity increased by 0.639, from 3.442 to 4.081. And the elasticity coefficient of chemical fertilizer rose up slightly. Contribution degree of desertification controlling policy to the gross agricultural production is 0.247. On the aspect of effect analysis of farmers' agricultural production efficiency: after the project, the agricultural technology efficiency and comprehensive production efficiency have been increased gradually, while scale efficiency went down following growth. The relaxation of input – output of agricultural resources including agricultural labor, chemical fertilizer, pesticide, seeds and plastic mulch shows decreasing trend. The analysis of the investigation indicated: Farmer income appears to be on the increase and the income structure tends to be diversified. After the project, consumption pattern of farmers has been changed; while fewer expenses are for foods, more expenses are required to be on healthcare and education, etc.

(3) On the basis of the theory and method of energy value, the research evaluated the ecological and economic effects of desertification control in Ningxia HUI Autonomous Region through analyzing the difference between the totalinput and output of ecosystem energy value. The results showed that both the total input and output energy value increased, From1975 to 2013, the input energy value went up from 6.98E + 22sej to 8.43E + 22sej, increased 20.77%. Output energy value went up from

1. 75E +22sej to 2. 64E +22sej, increased 50. 8%. It is much large than the former. In the structure of the input energy value, Non - renewable environment source inputs show a downward trend, suggesting the positive effect of the desertification control on reducing soil erosion; the amount of renewable organic energy input is declining. When the structure of the total energy value output is diversified, the planting dominance is outweighed by the forestry. Meanwhile, the energy value investment ratio and environmental loading ratio increase early and decrease later, the net energy output ratio increased again after early increase and later decrease.

(4) With the analytic hierarchy process and by establishing the coupling degree model, the desertification control ecosystem' s coupling conditions in the NINGXIA HUI were quantitatively evaluated. The researches indicated that the level of ecological has greatly improved. The type of coupling coordinated was in the brink of depression initially. Now it is in the primary type of coordination. It indicated that the ecosystem's coupling condition was gradually improved. Because of natural conditions and long - term implementation on engineering. The coupling situation in the NINGXIA HUI Autonomous Region was still not so good, basically in the stage of at primary coordination development. To achieve a higher harmonious level and coordinate the progress of ecological economization and economic ecologization, the High Efficient Eco - economic Zone Plan should be strictly implanted.

(5) The benefit evaluation index system and evaluation modeling have been established to analyze the comprehensive benefit value changes before and after the desertification control project. The comprehensive benefit value went up to 0. 4 in 2004 from 0. 16 in 1978, upgraded to the level of middle; while in 2012, the value was 0. 6, indicating the control efficiency developed to be better.

Key Words: desertification control, synthetic benefit, eco - economic system, coupling effects

目　录

第一章　导论

土地荒漠化是全球范围内的环境问题，荒漠化导致了生态环境的恶化，降低了资源的利用效率，威胁了人类的生存环境。因此，对荒漠化的治理，可以修复脆弱的生态环境，改善人们的生活水平，提高资源的利用效率。宁夏回族自治区（下文简称“宁夏”）是我国生态环境比较脆弱的地区，这些年实施的荒漠化治理工程对当地的生态环境的改善、经济水平的提高和社会的稳定都起到了积极的作用。本书评价了宁夏荒漠化治理生态建设政策的实施效果和政策之间的协调性，可以为我国区域生态建设政策的优化提供理论依据。

第一节　研究背景

一　荒漠化治理是生态恢复工程的重要组成部分

土地荒漠化不仅是全球面临的重大生态环境问题，而且也成为经济社会可持续发展的制约因素。目前，全球100多个国家和地区都遭受到荒漠化的侵蚀，荒漠化面积高达3600万平方千米，约占陆地面积的1/3。每年因为荒漠化造成的经济损失大约有420亿美元。荒漠化不仅导致生态环境恶化，使现有资源的利用效率降低，改变了人们赖以生存的条件，并且加剧了贫困差异，威胁人类的生存环境，给经济和社会的可持续发展造成了极大的危害。

在这种情况下，将荒漠化治理作为一项生态修复工程得到了国际社会的共识。1977年在肯尼亚召开的“联合国荒漠化大会”

(UNCOD) 上第一次将荒漠化定义为：土地滋生生物潜力的削弱和破坏，最后导致类似荒漠的情况。[①] 此后，通过各个政府间的多次谈判与磋商，100 多个国家于 1994 年在法国巴黎形成了《联合国防治荒漠化公约》。该公约的签约国进一步明确了“以可持续发展为目的对干旱、半干旱和亚湿润干旱的土地进行综合开发”。[②] 荒漠化治理工程的实质就是以保护生态环境为前提，合理开发荒漠化地区的自然资源，对已经破坏的生态环境进行修复。

荒漠化破坏了中国社会经济的可持续发展，破坏了生态环境，降低了资源的利用效率。相关数据显示，截至 2009 年，中国荒漠化土地面积约为 262.37 万平方千米，每年由于荒漠化造成的经济损失高达 540 亿元人民币。面对这种情况，中国政府近年来进行了大规模的荒漠化治理工作，先后实施了退耕还林工程、“三北”防护林体系工程、天然林保护工程、京津风沙源治理工程等重点工程，这些生态修复措施有效地改变了荒漠化地区恶劣的自然环境，抑制了荒漠化的扩张趋势。[③] 根据国家“十二五”规划的要求，在未来 5 年内，中国仍然将治理荒漠化作为保护生态环境的重点任务，采取各种措施来巩固荒漠化治理的成果：完善生态保护的政策法规；加大资金投入；坚持自然修复与人工治理相结合，积极创新荒漠化治理的技术模式；坚持利用国内国外两种资源，加强荒漠化治理的国际交流与合作；创新荒漠化治理的产业模式，构建政府主导、社会参与、科技引导、产业拉动的治理格局。通过以上措施可以有效地改善荒漠化地区的生态状况，提高当地人民的生活水平。

二　中国生态工程建设进入转型升级的关键阶段

荒漠化对我国的生态环境和经济社会的发展造成了巨大的负面

---

① 孙洪艳：《河北省坝上土地荒漠化机制及生态环境评价》，博士学位论文，中国地质大学，2005 年。

② 张煜星、孙司衡：《联合国防治荒漠化公约的荒漠化土地范畴》，《中国沙漠》1998 年第 18 期。

③ 黄月艳：《干旱亚湿润区荒漠化治理效益评价》，《河北农业大学学报》（社会科学版）2010 年第 12 期。

影响。荒漠化阻碍了土地生产力的发展，降低了农业生产的效率，降低了人类生存环境的质量。[①]

目前，我国进行荒漠化治理的生态工程可分为两大类：一是在已经荒漠化的土地上通过人为增加物质和能量，重新恢复生态系统；二是在荒漠化危险地区通过有目的的干预手段调节系统内的物质循环和能量流动，使生态系统取之于环境的物质，在“适度”的范围内予以补偿，构成资源再生能力。这两类生态工程都应该以改善生态环境，提高人民生活水平为目标。

我国生态工程转型升级的核心有两条，改善环境和改善民生。生态修复工程的首要任务是改善环境。只有人们的生存环境彻底得到根治，群众才能感受到生态工程的重要性，更加积极地支持生态工程的实施。改善生态环境的措施有很多种：例如积极进行植树造林、封山禁牧、增加绿色总量、治理沙化土地、保护森林资源、湿地资源和生物多样性。只有以上措施全部得到落实，才能彻底改变我国生态环境脆弱的现状。

改善民生是生态工程的主要目的。改善民生的核心是满足群众的各种需求，这些需求既有来自民众对于生态方面的需求，也有来自生产和生活方面的需求。积极进行林权制度改革，优化荒漠化治理的管理模式，构建市场化生态环境治理制度框架，解决林业的重点难点问题，解决林业职工的就业问题，提高参与荒漠化治理工程的农牧民的生活水平。只有通过以上措施才能有效地解决民生问题。

在实施生态工程的时候，应该处理好改善环境和改善民生的关系，使两者协同发展，良性互动。在改善自然环境的同时，让绿色发展的理念深入人心，让广大人民群众充分享受生态建设的成果，激发人民群众投身荒漠化治理的热情。在整个工程的实施过程中，坚持可持续发展的理念，树立科学的发展观，树立以人为本的思想，坚决反对牺牲生态环境、损害群众利益的行为。

---

① 黄月艳：《干旱亚湿润区典型荒漠化治理工程效益评价》，《经济问题》2010 年第 10 期。

过去几十年，我国进行的荒漠化治理工程在恢复植被、增加林草面积、减少沙化土地面积方面取得了阶段性成果。但是在荒漠化治理过程中如何有效地利用投入资金，如何提高治理效果，如何在治理过程中实现生态、经济、社会效益的并重，如何构建政府服务、企业实施、农牧民参与相结合的管理方式，如何在生态保护和建设工程中实现制度创新和科技创新。这都是我们在转型阶段应该处理的问题。只有处理好这些问题，才能使荒漠化治理工作取得更好的效果。

三　生态经济协调发展是荒漠化治理顺利实施的保障

受综合因素的影响，生态经济系统的发展存在不同的形式。具体的组合形式有以下几类：第一类是生态处于平衡状态，而经济处于不平衡状态；第二类是经济处于平衡状态，但是生态系统却遭到破坏；第三类是生态经济系统结构处于严重失调状态，水土流失加剧，土地荒漠化呈现扩大趋势；第四类是生态和经济两者处于和谐有序状态，两者呈现良性的发展趋势。荒漠化治理工程，实质上是在尊重客观规律的前提下，运用合理的经济手段，调控系统间的各种资源，不断通过系统的自我调控能力，促使系统发展走向良性循环的过程。① 所以第四类的经济发展组合是我们积极追求的结果。

早期的荒漠化治理，或者单方面强调治理的生态效益，或者强调经济效益。前者忽视了群众在荒漠化治理过程中的积极性，导致荒漠化治理对实施地区经济和社会效益的贡献率不够，最终影响了治理的生态效益目标；后者则片面强调短期经济利益，不重视生态效益，最后也偏离了可持续发展的道路。这两种做法都存在问题，不值得推广。

荒漠化治理工程涉及生态、经济、社会各个环节，在整个治理过程中，应该注重经济、社会、生态的协调发展，注重综合效益的

---

① 杜英：《黄土丘陵区退耕还林生态系统耦合效应研究——以安塞县为例》，博士学位论文，西北农林科技大学，2008 年。

提高。社会效益、生态效益、经济效益三大效益应该是同样重要、缺一不可的。经济效益是社会效益和生态效益的基础，如果不注重经济效益，就不能吸引群众积极地参与到荒漠化治理过程中来，缺少了群众的支持，就无从谈起社会效益和生态效益的实现；社会效益是目的，只有荒漠化治理工程改善了产业结构、优化了人居环境、提高了就业率，才能使经济建设和生态建设具有意义；生态效益保证了经济社会的可持续发展，也改善了群众生产生活的环境。任何地区、任何国家要想实现可持续发展，就必须坚持经济、社会和生态的协调发展，必须坚持经济效益、社会效益和生态效益并重。在坚持综合效益提高的前提下，还应该注重各个子系统的耦合发展状况。经济社会系统和生态系统之间是相互影响和相互促进的，只有子系统间的耦合效应处于良好状态，才能实现系统的良性发展，最终促进社会环境的改善和群众生活水平的提高。所以在评判生态工程成功与否的时候，不仅要求综合效益的持续增长，还应该要求各个子系统之间实现良性循环。

第二节　研究目的与意义

一　研究目的

以往对生态工程的综合效益评价，主要从经济效益、社会效益、生态效益三方面进行衡量，但是很少有学者研究生态经济系统中各个子系统的关系。如果生态系统中的社会经济子系统和生态子系统处于失衡状态，这时即使综合效益在提高，但是对整个生态经济系统的发展都是无益的。因此，本书借助能值理论对宁夏荒漠化治理前后系统的能值投入和产出变化进行分析，评价了宁夏荒漠化治理的生态经济效果。同时运用耦合度和耦合协调度模型，考察了荒漠化治理前后社会经济子系统和生态子系统的变化情况，并且将生态经济系统的耦合状况作为荒漠化治理效益评价的一部分，在此基础上，构建了宁夏荒漠化治理的效益评价体系，测算了宁夏荒漠化治理的综合效益。本书的研究目的如下：

（1）构建了市场化生态环境治理制度框架。根据政府和市场对荒漠化治理工作参与程度的不同，将宁夏的荒漠化治理的管理模式进行分类，并且构建了以政府调控为核心，以农户和委托公司为第三方的市场化生态环境治理制度框架。

（2）荒漠化治理对生态环境、社会经济的影响。选取涵养水源、固碳释氧、净化空气等指标，运用市场价值法、费用替代法等方法研究了荒漠化治理生态系统服务功能及价值的时空变化。研究了工程实施对宁夏地区的农业综合生产力、农户生产效率、经济收入和农户消费结构等几个方面的变化情况。

（3）荒漠化治理生态经济效应研究。运用能值理论和方法，通过分析宁夏实施荒漠化治理前后生态系统投入产出的能值动态，对荒漠化治理的生态经济效应进行了科学评价。

（4）荒漠化治理生态系统耦合效应研究。通过建立耦合度和耦合协调度模型，分析了宁夏荒漠化治理的生态系统耦合情况。提出了生态经济协调发展类型的分类和判断标准，对该地区生态经济系统动态耦合状态进行了评价，分析了阻碍系统耦合发展的原因，提出提高系统耦合度的对策。

（5）宁夏荒漠化治理综合效益评价研究。在前面的研究基础上，建立了荒漠化治理效益评价指标体系和评价模型，对工程实施前后不同阶段的综合治理效益进行了评价。

二 研究意义

荒漠化治理改善了生态环境，推动了地区经济发展，提高了人民生活水平，因此研究荒漠化治理的生态经济耦合效应和综合效益评价有着重要的理论意义和实践意义。其理论意义在于：

（1）构建了市场化生态环境治理制度框架。根据政府和市场对荒漠化治理工作参与程度的不同，对荒漠化治理的管理模式进行分类。这一分类对其他地区的荒漠化治理具有一定的参考意义。

（2）尝试将生态系统的耦合效应作为荒漠化治理效益评价的一部分，在注重综合效益提高的同时，还应该注重生态子系统和社会经济子系统的协调发展，这样会对效益评价的内容理解得更加全面。

（3）在评价荒漠化治理生态系统效应方面，建立了耦合度和耦合协调度模型，提出了生态经济协调发展类型的分类和判断标准，丰富了生态系统耦合的理论。

（4）通过对宁夏荒漠化治理政策绩效评价研究，不断丰富西部可持续发展理论内涵，揭示环境修复与“三农”问题破解的关系，为西部农村社会、经济、生态可持续发展提供一定的理论依据和政策指导。评价了宁夏荒漠化治理生态建设政策的实施效果和政策之间的协调性，为我国区域生态建设政策的优化提供理论依据。

研究的实践意义在于：

（1）对促进研究区生态环境的改善、经济社会的发展有着重要的意义。严重的风沙危害和水土流失不仅严重制约着经济社会发展，也严重制约着人民群众生活质量的改善。该研究对改善区域生态环境，促进经济社会可持续发展起着积极作用。

（2）客观反映宁夏荒漠化治理工程的运行质量，为下一步国家制定政策，制定阶段性目标任务提供了科学依据。通过对前一阶段工程的实施情况进行梳理，总结工程实施中的成功经验和教训，为以后的宏观调控提供依据。

（3）通过分析荒漠化治理对农业综合生产力和农户效率、收入结构和消费结构的影响，可以根据不同区域的特色，对农户的生产行为进行引导，提高该地区农业的生产效率。

第三节 国内外研究现状

本书在研究宁夏荒漠化综合效益评价的时候，除了从传统的经济效益、社会效益、生态效益三方面进行衡量以外，还运用耦合度和耦合协调度模型，研究了生态子系统和经济社会子系统的发展状况，所以文献部分除了整理国内外有关荒漠化治理综合效益的有关研究，还增加了耦合理论的文献。

一　国外研究现状

（一）荒漠化治理综合效益研究

国外关于荒漠化治理效益研究主要集中在生态效益研究和综合效益研究两个方面。在进行综合效益评价的时候，社会效益、生态效益、经济效益这三大效益应该是同样重要，缺一不可的。

1. 生态效益研究

在初期，在进行荒漠化效益评价的时候，往往将生态效益的提高作为最重要的评判标准。

生态效益是指通过荒漠化工程的实施，增加了工程林草生物量，提高林草质量，改善载畜量和用地率，改善水土价值、改良土壤效益、净化大气效益。通过治理，改善了自然环境和人类生产生活环境，重新平衡了生态系统。

治理荒漠化的生态效益既包括植被防沙治沙产生的效益，还包括生态工程实施产生的生态效益。其中，对植物防沙治沙效益的考察是荒漠化治理的首要的和最重要的指标，主要包括以下几个方面：小气候效益、防风固沙阻沙效益、对风沙的改良作用、植物对风沙土的改良作用等。

治沙植被在形成过程中会改良周围的气象因子，能够产生有利于植物生长的因素，并且有效降低风速。

国内外很多学者都对植被的风沙防治的生态效益进行了研究。20世纪30年代，拜格诺（Bagnold）借助空气动力学、借助风动等试验手段，在北非和利比亚的沙漠地区，对相关植被进行了研究。[①]从20世纪30年代开始，美国学者切皮尔（W. S. Chepil）通过实验的方式，研究了土壤风蚀的运动规律，在反复验证的基础上建立了土壤风蚀方程。[②]帕萨克提出了旨在预测单一风蚀事件的风蚀模型，

---

① Bagnold R. A., *The Physics of Blown Sand and Desert Dunes*, New York: William Morrow & Co., 1943, p. 12.

② Chepil W. S., "Dynanics of Wind Erosion II. Initiation of Soil Movement", *Soil Science*, No. 60, 1945.

该模型简单便于利用，但缺点在于由于没有考虑作物残留物及土壤表面粗糙度等因子，造成了一些必要变量的缺失，导致了该模型在实际应用中的局限性。[①] 前苏联科学家波查罗夫确定了影响土壤风蚀的 4 大组 25 个因子，他认为各个因子都会引起风蚀量的变化，只是影响大小不同。[②] 风蚀方程（WEQ）对风蚀理论起了巨大的贡献作用，但是也有局限性。该模型不能预测高降雨量地区和极端干旱地区的土壤风蚀。为了便于新技术的利用，专家们在 20 世纪 90 年代对该模型进行了改良，建立了修正风蚀方程（RWEQ）。经过修正风蚀方程（RWEQ）的过渡，此后，美国农业部组织了一批科学家利用数据库和计算机程序来推进土壤风蚀预报技术，并最终形成了风蚀预报系统（WEPS）。该程序由于可以适用于不同地区的时空尺度序列，最终完全取代了风蚀方程。[③]

土壤风蚀预报作为指导土壤风蚀防治的方式，经过科学家们多年来的努力，已经形成了一系列模型。这些模型对于我国的土壤风蚀问题的预测提供了宝贵经验。[④]

2. 社会效益研究

通过荒漠化治理工程，对荒漠化治理区域的产业结构、人居环境、消费支出和就业以及社会生产生活方面产生了影响。这部分价值的增加主要包括有形和无形两方面。前者可以货币形式进行度量。后者指文化水平的提高、劳动条件的改善等。荒漠化治理工程实施之后，提高了该地区群众物质文化生活水平，为国家减轻了经济负担，促进了该地区的可持续发展。对森林社会效益的评价方法

---

① Fryrear D. W., Saleh A. "Wind Erosion: Field Length", *Soil Science*, No. 6, 1996.

② Bocharov A. P., *A Description of Devices Used in Erosion of Soils*, New Delhi: Oxonian Press, 1984, p. 63.

③ HAGEN L. T., "Evaluation of the Wind Erosion Prediction System (WEPS) Erosion Snbmodel on Cropland Fields", *Environmental Modelling & Software*, No. 19, 2004, pp. 171 - 176.

④ 黄月艳：《干旱亚湿润区荒漠化可持续治理模式构架》，《经济问题》2010 年第 12 期。

主要有价值法、效益法、效能法等。美国学者迈里克·弗里曼[①]和英国学者罗杰·珀曼[②]在自己的书中对社会效益都有论述。

3. 综合效益研究

荒漠化治理的综合效益主要由生态效益、经济效益和社会效益这三部分组成。

荒漠化治理不同于一般的人类经济活动，其综合效益具有如下几个特点：综合性、相关性、后效性、连续性、多样性、波动性等特点。

由于荒漠化治理效益的上述特点和学者的研究目的不同，研究者在评价指标体系和评价方法的选取方面没有达成共识，因此选择的评价指标和评价方法也不尽相同。大多数学者在研究的时候，都会参考森林效益评价、水土保持效益评价的方法。

进行植树造林、封山育林、提高森林覆盖率、发挥森林的效益是荒漠化治理工作的关键。各国都非常重视对森林综合效益的研究。20 世纪 50 年代苏联提出了一系列森林综合效益的评价方法。美国在 1960 年通过了森林多效益法案，强调生态工程中生态效益、社会效益和经济效益的一体化。日本在 40 年前采用了森林综合效能计量评价方法，测算出了本国森林综合效益的价值。目前，对森林的生态效益的评价可以分为计量研究和定量评价研究两大类。前者主要以经济学理论为指导，强调森林资源的货币价值的测算。后者以生态学为主要理论进行定量评价，强调森林生态系统的环境影响评价。

（二）耦合理论研究现状

Costanza Robert 等率先对全球生态系统服务价值的工作进行了评估，确定了生态服务价值评估的基本原理和研究价值，为今后的学者研究生态经济耦合奠定了理论基础。[③] Bockstael 等建立了模型，

---

① ［美］迈里克·弗里曼：《环境与资源价值评估：理论与方法》，曾贤刚译，中国人民大学出版社 2002 年版，第 52 页。

② ［英］罗杰·珀曼：《自然资源与环境经济学》（第 2 版），侯元兆译，中国经济出版社 2002 年版，第 85 页。

③ Costanza Robert, John Cumberland, Herman Daly et al., *An Introduction to Ecological Economics*, Florida: St Lucie Press, 1997, p. 63.

对生态系统的效用进行了研究。[1] 此后，国外的学者基于对自然资本价值的评价研究，对生态系统的功能价值和效用进行了深入研究。Costanza Robert 等在以后的研究中，将生态系统服务分为17类。这一分类系统对生态系统服务价值评估提供了科学的依据。在测算全球生态系统服务价值时，首先将生态系统服务分为17类，然后依据不同的方法对每一类生态子系统进行测算。[2] Costanza Robert 认为经济和生态环境的协调发展是保障资源充分利用和社会可持续发展的必要条件。[3] 生态环境为人类社会发展提出了基本要求，社会应该在生态和经济耦合的基础上进行运行，只有这样各种资源才能实现效益的最大化。[4]

Braat L. [5] 等和 Common M. [6] 则通过建立模型的方式来研究生态—经济耦合，认为生态系统和经济系统之间的相互作用[7]和反馈机制[8]对实现可持续发展有着非常重要的意义。

二　国内研究现状

（一）荒漠化治理综合效益研究

1. 生态效益研究

治理荒漠化的生态效益既包括植被防沙治沙产生的效益，还包

---

① Bockstael N., Costanza R., Strand I. et al., "Ecological Economic Modeling and Valuation of Ecosystems", *Ecological Economics*, Vol. 14, No. 2, 1995, pp. 143 – 159.

② Costanza Robert, Arge Ralph, De Groot Rudolf et al., "The Value of World's Ecosystem Services and Natural Capital", *Ecological Economics*, Vol. 25, No. 1, 1998, pp. 3 – 15.

③ Costanza Robert, "The Value of Ecosystem Services", Ecological Economics, Vol. 25, No. 1, 1998, pp. 112 – 116.

④ Costanza Robert, Arge Ralph, De Groot Rudolf et al., "The Value of Ecosystem Services: Putting the Issues in Perspective", *Ecological Economics*, Vol. 25, No. 1, 1998, pp. 67 – 72.

⑤ Braat L., Van Lieop W., "Economic – ecological Modeling an Introduction to Methods and Application", *Ecological modeling*, Vol. 3, No. 1, 1986, pp. 33 – 44.

⑥ Common M., Perrings C., "Towards an Ecological Economics of Sustainability", *Ecological Economics*, Vol. 6, No. 1, 1992, pp. 7 – 34.

⑦ Braat L., Van Lieop W., "Economic – ecological Modeling an Introduction to Methods and Application", *Ecological Modeling*, Vol. 3, No. 1, 1986, pp. 33 – 44.

⑧ Common M., Perrings C., "Towards an Ecological Economics of Sustainability", *Ecological Economics*, Vol. 6, No. 1, 1992, pp. 7 – 34.

括生态工程实施产生的生态效益。荒漠化防治工程的生态效益包括防风固沙、改善小气候、改良土壤效益等，而改善小气候效益又可详细分为调节温度、增加湿度效益，改良土壤效益也包容了有机质增加、NPK 增加、土壤结构改善等。①

国内对生态效益的研究包括植被的小气候效益和防风阻沙效益两方面。植物措施的防风阻沙效益对荒漠化治理效益也非常重要。实行保护性耕作、营造农田防护林等措施可以有效地减少风蚀的危害，防治沙尘暴与土地沙化，改善生态环境，促进区域经济的协调发展。② 贺大良等探讨了土地翻耕、牲畜践踏、植被对土壤风蚀的影响。③ 董治宝通过长期野外观测，使用了风洞实验，分析了植被对各种土壤风蚀的定量影响关系。④ 王正非在《森林气象学》一书中，通过定量计算的方法，科学论述了不同参数的林带对风蚀影响的关系。⑤

上述研究说明：植被治沙是防沙治沙的根本措施。植被治沙的生态功能在于植物群落对于周围的气象因子产生影响，支配着周围的物质循环和能量流动，减少了风沙的危害，改善了全球气候变化。

2. 经济效益研究

荒漠化治理的经济效益是指由于生态环境的改善，提高了土地利用效率和土地生产力，最后转化为经济形态的那部分效益。这里面的经济效益可以包括两部分：一是可以用货币形式度量的效益，二是可以转换为货币形式的效益。前者包括通过对林副产品的变卖引起的货币价值的增加；后者指由于林木具有涵养水源、固土保

---

① 杜英：《黄土丘陵区退耕还林生态系统耦合效应研究——以安塞县为例》，博士学位论文，西北农林科技大学，2008 年。

② 李永平：《黄土高原不同防护类型农田土壤风蚀防控研究》，博士学位论文，西北农林科技大学，2009 年。

③ 贺大良、刘贤万：《风洞实验方法在沙漠学研究中的应用》，《地理研究》1983 年第 4 期。

④ 董治宝：《建立小流域风蚀量统计模型初探》，《水土保持通报》1998 年第 5 期。

⑤ 王正非：《森林气象学》，中国林业出版社 1985 年版，第 85 页。

肥、调节气候等无形价值所体现的效益。目前，国内经济效益评价做得比较成熟的是防护林经济效益评估，因此可以借鉴防护林经济效益评估中的净现值法、内部收益率、动态投资回收法等方法。[①]

3. 综合效益研究

早期对生态、经济、社会效益的研究是分别进行的，这些研究缺乏系统的完整性，因此不能全面地反映工程的综合效益情况。生态经济系统工程一般会涉及农、林、牧各个方面和环节，因此只有对各种效益进行综合分析，才能进行客观、合理的评价。

在国内，张建国等[②]（1994）首先提出了森林综合效益的理论。20 世纪 90 年代后，我国学者通过对长江中上游防护林、水土保持林、退耕还林等一系列工程的研究，针对不同工程的特点，对工程实施的生态效益、经济效益和社会效益进行了评价，构建了不同的指标评价体系。

孙立达[③]（1995）在《水土保持林体系综合效益研究与评价》一书中，构建了包括农田、水域、大气、山地和社会在内的五个子系统的评价指标体系。刘拓[④]（2010）在《京津风沙源治理工程十年建设成效分析》一书中，确定了综合效益评价指标体系。其中，生态效益包括森林覆盖率、土壤侵蚀状况、植被覆盖率、单位面积生物量等 21 个指标。经济效益包括直接经济效益和间接经济效益两方面。社会效益包括森林旅游人数增加、精神文明的满足等 4 个指标。

在进行综合效益评价的时候，除了构建科学合理的指标体系以外，如何确定效益评价的权重和如何选择评价方法也是学者们的研

---

① 黄月艳：《干旱亚湿润区典型荒漠化治理工程效益评价》，《经济问题》2010 年第 10 期。

② 张建国、杨建洲：《福建森林综合效益计量与评价》，《生态经济学》1994 年第 5 期。

③ 孙立达：《水土保持林体系综合效益研究与评价》，中国科学技术出版社 1995 年版，第 132 页。

④ 刘拓：《京津风沙源治理工程十年建设成效分析》，中国林业出版社 2010 年版，第 63 页。

究重点。在确定效益评价权重的时候，通常会采用层次分析法、比较确定法、专家打分法、相关系数法、模糊灰色多元空间分析法和德尔菲法等方法。在进行效益评价方法选择的时候，会采取分段法和模糊数学综合评价。近年来，也出现了学者把仿真技术和动态模型用到效益评价中。还有学者建立了协调发展指数模型，反映社会、经济、科技、环境四个子系统的协调发展水平。

（二）耦合理论和耦合方法研究

耦合最早来源于物理学，指两个及两个以上的体系相互作用并且彼此影响的现象①（周宏，2003）。生态环境和经济社会系统之间存在耦合关系，不同时期对这两者的耦合关系认识不同：早期，学者认为这两者之间是财富追求观理论；而后又发展为悲观的“零增长”论理论。直到20世纪80年代初形成了乐观的经济发展论：认为这两者之间不具有对立关系，而具有一定的协调发展性。②

任继周是国内最先开展生态系统耦合研究的学者，他在1989年《草业畜牧业的出路在于建立草业系统》文章中就研究了北方农牧交错带草地畜牧业和其他农业生态系统的耦合特点，指出这两者之间存在信息流、能量流、物质流的交换和汇聚。③并在随后提出了系统耦合的概念：两个及两个以上具有同质耦合性的生态系统，在人类有意识的活动的影响下，实现各种能流、物质流的选择和协同，通过汇聚、超循环和耦合而联合，通过解放生态系统中的自由能，提高农业生态系统的生产力水平，实现耦合系统的进化，形成新的、较高质量的耦合系统。④而后，任继周等通过研究认为，所有系统都可以作为结构功能体，并且系统内的能的动态可以使系统

① 周宏：《现代汉语辞海》，光明日报出版社2003年版，第584页。

② 杨玉珍：《我国生态、环境、经济系统耦合协调测度方法综述》，《科技管理研究》2013年第4期。

③ 任继周、葛文华、张自和：《草业畜牧业的出路在于建立草业系统》，《草业科学》1989年第5期。

④ 任继周、万长贵：《系统耦合与荒漠—绿洲草地农业系统》，《草业学报》1994年第4期。

功能比系统的结构拥有更大的变异性。[①] 万里强等对系统的耦合机理和系统相悖进行了研究。[②] 佟玉权等[③]指出，在我国生态环境比较脆弱的空间上分布着一种非良性的耦合，这种耦合已经成为地区发展的制约因素，只有改变固有的生活模式和经济发展模式，并且提出切实的解决措施，才能改变这些贫困落户地区的环境。董孝斌等[④]对农牧交错带生态经济系统的耦合效果和模式进行了研究和分析，并对两个研究县的耦合效应进行了比较。[⑤]

这些学者都认为，能量在流动过程中形成有分层的网络，网络间的能流、物流和信息流之间通过做功的方式相互作用转化为较高质的能量，这一高质能量对提高生态系统的效益具有积极作用，并且最终使生产潜力得到释放。[⑥] 通过系统的耦合，系统间各子系统的结构趋于合理，系统的功能得以强化。[⑦]

近年来，耦合的概念和类型运用的领域越来越广泛，不同学者运用耦合理论和耦合方法分别研究了经济和环境系统，经济发展与人口、资源和环境协调、能源消费与经济增长、土地利用和经济发展之间的关系，构建了相应的耦合度的评价指标体系，测算了各个系统之间的耦合程度。

明确了耦合的概念和类型，下面就是对测定耦合方法的选择。国内研究耦合具有代表性的数理方法主要包括以下几类：

---

① 任继周、贺汉达、王宁：《荒漠—绿洲草地农业系统的耦合与模型》，《草业学报》1995 年第 4 期。

② 万里强、李向林：《系统耦合及其对农业系统的作用》，《草业学报》2002 年第 11 期。

③ 伶玉权、龙花楼：《脆弱生态环境下的贫困地区可持续发展研究》，《中国人口·资源与环境》2003 年第 13 期。

④ 董孝斌、高旺盛、严茂超：《基于能值理论的农牧交错带两个典型县域生态经济系统的耦合效应分析》，《农业工程学报》2005 年第 21 期。

⑤ 董孝斌、高旺盛：《关于系统耦合理论的探讨》，《中国农学通报》2005 年第 21 期。

⑥ 万里强、侯向阳、任继周：《系统耦合理论在我国草地农业系统应用的研究》，《中国生态农业学报》2004 年第 12 期。

⑦ 任继周、贺汉达、王宁：《荒漠—绿洲草地农业系统的耦合与模型》，《草业学报》1995 年第 4 期。

1. 指数综合加成法

指数综合加成法也被称为多变量综合评价方法，多运用数理方法，测算各子系统的协调度和综合指数。常用的数理方法包括主成分分析法、层次分析法、因子分析法等。李华等学者通过对山东省经济发展与人口、资源和环境协调度的内涵的界定，构建了山东省经济发展与人口、资源、环境耦合度的评价体系，用主成分分析法确定了山东省经济资源和环境的各个子系统的权重，最后综合计算出山东经济发展和人口、资源和环境的协调度。[①] 张彩霞等在区域PERD协调发展模式中，考虑到人口增长模式、环境保护模式、资源利用模式、经济与社会发展模式对区域开发的影响，确定了区域PERD协调发展的综合评价指标体系，测算出了区域人口增长、环境、资源与发展的综合协调。[②] 范士陈、宋涛认为，能力和主体关系之间具有较强的逻辑，认为城市化的承载力、市场的架构力和新型工业化充盈力的合力构成了区域的持续发展能力。[③] 基于过程耦合角度，建立了持续发展能力的耦合模型，分析了制约海南经济特区县域发展的因素。研究了造成该地区多维因素主导下的弱质耦合推进的过程性根源：经济发展模式、产业分布特征、政策影响的不同造成了区域发展的差异性。还有一些学者借鉴计量分析方法来研究耦合效应。张子龙等对1978—2007年庆阳市的环境经济系统的能值效率进行了分析，阐述了经济和环境系统的耦合关系和动态发展过程。[④] 王远等基于江苏省1990—2005年能源消费和经济增长之间的数据，运用了“脱钩”理论和“复钩”理论，协整分析技术以及Granger因果关系检验方法，研究了该地区的能源消费与经济增长的

---

① 李华、申稳稳、俞书伟：《关于山东经济发展与人口—资源—环境协调度评价》，《东岳论丛》2008年第29期。

② 张彩霞、梁婉君：《区域PERD综合协调度评价指标体系研究》，《经济经纬》2007年第3期。

③ 范士陈、宋涛：《海南经济特区县域可持续发展能力地域分异特征评析——基于过程耦合角度》，《河南大学学报》（自然科学版）2009年第39期。

④ 张子龙、陈兴鹏、焦文婷等：《庆阳市环境—经济耦合系统动态演变趋势分析：基于能值理论与计量经济分析模型》，《环境科学学报》2010年第30期。

耦合关系。[1] 薛冰等以能值分析计算结果为基本依据，以 1985—2005 年宁夏回族自治区的相关数据为研究对象，运用了相关函数，研究了宁夏回族自治区经济和生态环境之间的相互作用与反馈机制。分析了这一阶段，经济规模的增量效应对环境产生的压力远远大于技术效应对环境压力的抑制作用。所以，转变经济发展方式是推动区域循环经济发展、减少环境压力的必然要求。[2] 周忠学等通过对 1988—2004 年陕北土地利用和经济发展的相关数据进行分析，通过回归分析法对这一阶段陕北黄土高原地区土地资源利用变化与经济发展之间的耦合关系进行了分析。根据回归分析表明：土地利用变化和主要经济发展指标之间具有明确的函数耦合规律，土地利用结构的变化和三次产业结构演变之间具有较高的相关性。[3]

2. 变异系数和弹性系数法

变异系数也称“标准差率”，是用来衡量各观测值变异程度的统计量。变异系数法（Coefficient of Variation Method）是运用变异系数的概念和性质来研究系统耦合，并且借助这种方法确定出各子系统间的协调性指数。[4]

杨士弘[5]对相关概念进行了定义，并且用该方法对广州市生态和经济耦合状态进行了评价，提出了协调度的分类标准。张晓东等在研究经济环境协调度理论的基础上，构建了环境承载力与经济发展水平之间的协调度模型。并对 20 世纪 90 年代我国省级区域进行分析实证分析，论证了我国空间区域经济环境协调度符合“U”形曲线。区域经济发展过程中多以牺牲环境为代价，尤其是中西部地

① 王远、陈洁、周婧等：《江苏省能源消费与经济增长耦合关系研究》，《长江流域资源与环境》2010 年第 19 期。

② 薛冰、张子龙、郭晓佳等：《区域生态环境演变与经济增长的耦合效应分析——以宁夏回族自治区为例》，《生态环境学报》2010 年第 19 期。

③ 周忠学、任志远：《陕北土地利用变化与经济发展耦合关系研究》，《干旱区资源与环境》2010 年第 24 期。

④ 杨玉珍：《我国生态、环境、经济系统耦合协调测度方法综述》，《科技管理研究》2013 年第 4 期。

⑤ 杨士弘：《广州城市环境与经济协调发展预测及调控研究》，《地理科学》1994 年第 2 期。

区，这一问题尤为严重。[①]

叶敏强、张世英（2001）构建了促使系统协调发展衡量的静态与动态评价模型。[②] 汪波、方丽[③]（2004）在建立多层次的评价指标体系中，建立了下面的协调度公式：$C=1-\frac{S}{Y}$，S 表示标准差，Y 表示平均数。通过该公式对区域经济发展的协调度进行了测算。张佰瑞（2007）以《2006 中国统计年鉴》为基础，构建了资源、环境、经济和社会系统的指标体系，计算出了“十一五”初期我国各个省的协调发展状况。[④] 张福庆等[⑤]以 2004—2008 年鄱阳湖生态经济区的数据为依据，构建了区域经济产业生态化耦合评价模型和指标体系，研究了鄱阳湖生态经济区耦合状况。张青峰等[⑥]用该方法研究了黄土高原各县系统耦合状况，对该地区不同阶段的生态经济系统进行分类，将耦合度类型分为严重失调、轻度失调、低水平协调和高水平良好协调四类。柴莎莎等[⑦]通过对山西省 1996—2007 年经济发展和环境污染的耦合度进行研究，建立了相应的耦合发展度模型。得出下面的结论：该地区近十年来环境与经济增长的耦合度水平较低，多以中度失调类型和过渡性协调类型为主；环境和经济的关系也多处于环境滞后型或濒临同步型，生态环境系统与经济系统之间的关系也多处于环境滞后型或濒临同步型，没有达到良好的协调状态。

---

① 张晓东、池天河：《90 年代中国省级区域经济与环境协调度分析》，《地理研究》2001 年第 20 期。

② 叶敏强、张世英：《区域经济、社会、资源与环境系统协调发展衡量研究》，《数量经济技术经济研究》2001 年第 8 期。

③ 汪波、方丽：《区域经济发展的协调度评价实证分析》，《中国地质大学学报》（社会科学版）2004 年第 4 期。

④ 张佰瑞：《我国区域协调发展度的评价研究》，《工业技术经济》2007 年第 26 期。

⑤ 张福庆、胡海胜：《区域产业生态化耦合度评价模型及其实证研究——以鄱阳湖生态经济区为例》，《江西社会科学》2010 年第 4 期。

⑥ 张青峰、吴发启、王力等：《黄土高原生态与经济系统耦合协调发展状况》，《应用生态学报》2011 年第 22 期。

⑦ 柴莎莎、延军平、杨谨菲：《山西经济增长与环境污染水平耦合协调度》，《干旱区资源与环境》2011 年第 25 期。

弹性系数法是借助弹性数预测另一个因素的发展变化情况，是借助微分法反映时间和空间的变化过程。寇晓东等根据时间的动态变化，提出了较为综合的环境经济协调度计算方法，提出了绝对协调度和相对协调度两个概念，测算了1992—2004年西安市环境经济发展的协调度。[①] 赵涛等建立了以解决能源系统与经济系统、环境系统三者之间关系的3E模型。[②]

3. 模糊及灰色理论法

灰色关联度法是以生态环境安全状况及其评价因素在时间序列上的相似差异情况来衡量其关联度大小从而确定权重的方法。

于瑞峰、齐二石[③]（1998）采用相对海明距离（Hamning）计算协调系数。刘艳清[④]（2000）运用模糊评价的方法，构建了反映区域资源、环境变化的协调度模型。张晓东等对省际经济环境系统的耦合度进行了测算，并对未来5年内的区域耦合关系进行了预测。[⑤] 陈静、曾珍香[⑥]等运用复相关的系数法求得各个层级指标的发展水平，然后运用协调度和协调发展水平对系统协调发展的时间序列进行了评价，最后应用灰色GM（1，N）模型对社会、经济、资源、环境的协调状况进行了分析。刘晶等利用模糊数学方法，构建了经济、社会和资源环境的综合评价指数，并且计算了重庆北碚区

---

① 寇晓东、薛惠锋：《1992—2004年西安市环境经济发展协调度分析》，《环境科学与技术》2007年第30期。

② 赵涛、李晅煜：《能源—经济—环境（3E）系统协调度评价模型研究》，《北京理工大学学报》（社会科学版）2008年第10期。

③ 于瑞峰、齐二石：《区域可持续发展状况的评估方法研究及应用》，《系统工程理论与实践》1998年第18期。

④ 刘艳清：《区域经济可持续发展系统的协调度研究》，《社会科学辑刊》2000年第5期。

⑤ 张晓东、朱德海：《中国区域经济与环境协调度预测分析》，《资源科学》2003年第25期。

⑥ 陈静、曾珍香等：《社会、经济、资源、环境协调发展评价模型研究》，《科学管理研究》2004年第3期。

这三者之间的协调发展度。[①] 毕其格等[②]运用灰色关联分析方法组成灰色关联系数矩阵，构建了人口结构和区域经济相互作用的关联度模型，进而用两系统关联系数的联乘得到耦合度，揭示了内蒙古耦合度的演变规律，分析了人口结构和区域经济的耦合关系。

4. 系统演化及系统动力学方法

在明确了荒漠化治理的经济系统和生态系统相互影响和相互促进的思路后，可以借助系统演化的思想建立生态和经济这两者之间的动态耦合模型，通过定量化的计算，分析出系统的动态演变过程和耦合状态，呈现两者之间的非线性过程。据此，建立某一时点地区内的生态系统（el）和经济系统（en）的非线性函数。

乔标等在明确城市化与生态环境相互影响与相互发展的前提下，建立反映这两者关系的动态耦合模型，研究了这两者之间的动态演变及耦合状态。[③] 闫军印等[④]通过建立系统仿真模型的方式，在矿产资源开发系统首次建立了系统耦合过程模型，研究了河北省矿产资源系统耦合的发展情况。杨木等对徐州市1978—2005年生态环境—社会经济耦合态势进行了分析，基于耦合理论，运用系统演化思想，建立徐州市生态环境和社会经济动态耦合度模型。[⑤] 还有学者运用数据包络方法和结构方程方法来测量耦合度。

三 国内外研究评述

（一）荒漠化治理效益评价研究评述

近年来，国内外学者在综合效益评价的理论方面取得了较大的成就。在评价方法上，实现了由定性评价向定量评价的转化，由单

---

① 刘晶、敖浩翔、张明举：《重庆市北碚区经济、社会和资源环境协调度分析》，《长江流域资源与环境》2007年第16期。

② 毕其格、宝音、李百岁：《内蒙古人口结构与区域经济耦合的关联分析》，《地理研究》2007年第26期。

③ 乔标、方创琳：《城市化与生态环境协调发展的动态耦合模型及其在干旱区的应用》，《生态学报》2005年第25期。

④ 闫军印、赵国杰：《区域矿产资源开发生态经济系统及其模拟分析》，《自然资源学报》2009年第8期。

⑤ 杨木、奚砚涛、李高金：《徐州市生态环境—社会经济系统耦合态势分析》，《水土保持研究》2012年第2期。

目标评价向多功能评价转化，由经验评价向借助数据模型评价转化。但是，在以往的效益评价中也存在一些亟待改进的地方：如在构建指标体系的过程中，出现指标选择不具有代表性或者交叉重叠、逻辑顺序混乱等现象；在选择计量模型作为评价方法时，学者倾向于选择同一类模型。但是，由于生态经济价值评价具有地区差异性，如果采用相同的参数转换方式会造成评价结果出现偏差。在综合效益评价的过程中，很少考虑各个子系统之间的协调关系。如果各个子系统之间处于无序发展状态，即使综合效益在提高，但是对于整个系统的发展也是无益的。所以在以后的研究过程中，应该注重差异性模型的选择，并且应该将各子系统的耦合状态作为效益评价的一部分。这样综合效益评价的内容才更全面，结果也更客观。

荒漠化治理措施的多样性决定了效益评价的复杂性。目前，对于荒漠化治理效益的研究中还存在许多不足，以后在效益评价的研究中应该解决以下几个问题：

1. 研究内容方面

应该改变以往单一自然要素变化规律的效益分析，丰富效益评价的内容。不仅仅考察治理区域内生态效益、社会效益、经济效益，还应该注重社会经济子系统和生态系统的耦合关系问题。只有各个子系统协调有序时，系统才能实现良性发展。所以在综合效益评价的时候，补充生态经济耦合效应的内容是非常必要的。

2. 评价指标体系规范化问题

对指标体系进行规范化是荒漠化治理综合评价的首要问题。目前，对于三大效益指标的选择，因为缺乏系统的理论和指导方法，所以不能克服主观随意性给评价结果造成的片面性。

3. 数量化技术

由于三大效益的某些指标和权重的确定，经常受人为因素的影响。因此，应该尽快改进数量化技术，使荒漠化评价的指标体系、权重值和评价方法的选用更加客观和科学。

4. 研究方法

可以将能值定理运用到生态系统的效应评价中，对该系统的能值投入和产出进行深入分析。

（二）国内外耦合理论和耦合方法评述

经过多年的研究，国内外在耦合理论和耦合方法的研究方面都取得了一定的成果。主要表现在以下两个方面：

（1）耦合理论运用的领域更加广泛，早期的耦合理论多用于生态经济系统领域的研究。而今该理论已经广泛地应用于人口、资源、环境的协调关系，能源消费和经济增长的关系，土地资源利用变化和经济发展的关系，矿产资源系统的可持续发展方面。所以该理论的运用范围更加广泛。

（2）耦合方法趋于多元化。早期的学者主要运用综合指数法，但是后来，研究者根据所选择的研究对象和研究方法的不同，又将模糊数学法、系统动力学的方法运用到能源消费和经济增长、人口、资源、环境的协调关系的测定上。近年来，又有学者将结构方程运用到耦合关系的研究上。研究者根据研究对象的特点，选择自己认为最合适的方法进行研究。这些方法有力地推动了区域经济和生态环境的协调发展。

虽然国内外耦合研究取得了一定的成绩，但是也存在一定的局限性：

（1）以往的耦合度的研究主要针对简单的两个系统之间的比较和协同，几乎没有学者对更为复杂的两个以上的系统进行研究。

（2）存在概念间的混淆。有很多学者将协调度和关联度等概念等同于耦合度。在选用评价方法的时候，对这几个概念也没有严格地区分，所以导致重叠使用研究方法现象的存在。因此，在以后应该注重对多系统进行研究，并且合理科学地使用耦合评价方法。

第四节　研究方法与研究思路

一　研究方法

运用系统学、生态学、社会学、经济学、管理学和法学等多学科交叉研究手段，在吸取国内外荒漠化治理经验的基础上，从理论和实证两方面对宁夏荒漠化治理的管理模式、生态经济系统耦合效应和综合效益进行了研究。通过资料收集、查阅文献、实地调研等研究方法，借助能值理论对宁夏荒漠化治理前后的生态经济效果进行评价，运用耦合度和耦合协调度模型考察了荒漠化治理前后社会经济子系统和生态子系统的变化情况，并且将生态经济系统的耦合状况作为荒漠化治理效益评价的一部分，在此基础上，构建了宁夏荒漠化治理的效益评价体系，测算了宁夏荒漠化治理的综合效益。

1. 文献综述与资料收集

查阅了国内外有关效益评价和生态系统耦合的文献，并且进行分析总结。根据本书的研究目标，收集了宁夏地区荒漠化现状、植被状况、林业资源、土地利用结构、土壤养分的文献资料。

2. 实地调研

在经过前期资料准备的基础上，对宁夏地区的森林分布状况、土地利用结构、产业调整、生态环境变化等进行实际调研，在宁夏回族自治区的中宁县、盐池县和平罗县进行问卷调查。并且深入宁夏回族自治区的林业厅、农业厅、水利厅以及市县的农业局、林业局、水利局、土地局、气象局、财政局等调研获得第一手资料。具体调研分为以下几个阶段：首先，结合研究目的，先进行了问卷设计，并对问卷进行反复修改；其次，进行了预调研；再次，发现预调研存在的问题，对调查问卷进行修改和完善，形成正式问卷；最后，是正式调研阶段，西北农林科技大学经济管理学院资源管理中心的18位研究生从2013年7月16日到8月18日，先后在宁夏回族自治区的林业厅、农业厅、水利厅以及市县的农业局、林业局、水利局、土地局、气象局、财政局进行调研，获得关于荒漠化治理的宏观数据，同时在中宁县、盐池县和平罗县进行问卷调查，获取关于荒漠化治理工程对农户生产效率、生活模式产生影响的数据。

3. 数学模型应用

运用柯布—道格拉斯生产函数（以下简称C－D生产函数模型）分析了荒漠化治理工程对宁夏农业综合生产力的影响；用数据包络分

析（DEA）方法对宁夏回族自治区农户农业生产效率进行分析，从微观层面探讨了荒漠化治理前后该地区农业生产效率变化的趋势、原因及提高农业生产效率的对策。运用能值分析方法分析了宁夏荒漠化治理前后生态经济系统的变化情况。运用耦合度和耦合协调度模型，对宁夏荒漠化治理的生态经济系统的耦合效应进行了定性和定量分析。运用层次分析法，对宁夏荒漠化治理综合效益进行了评价。

4. 动态分析和静态分析相结合

采用静态的现状分析和动态的不同年代比较相结合的方法，对宁夏荒漠化治理的效益、生态经济系统耦合效应进行了全面分析。研究不同年代的综合效益和生态经济效益的变化情况，有利于更加全面地认识荒漠化治理工程的作用，对政策的评价也更加全面和客观。

二 研究思路

本书在研究生态经济耦合模式和荒漠化治理综合效益的基础上，设计了问卷并进行了实地调研。调研的内容分为两部分：一是关于荒漠化治理工程（尤其是退耕还林工程）对调查农户的经济影响和社会行为的变化影响。二是专家对于荒漠化治理效益和生态经济系统耦合的评价。根据实际调研的情况，总结了宁夏荒漠化治理的三类管理模式，描述了荒漠化治理工程对该地区的生态环境与社会经济的影响，分析了工程对农业综合生产力、农户农业生产效率、农民收入结构和消费结构的影响，运用能值理论研究了宁夏荒漠化治理前后的生态经济效应，运用耦合度模型和耦合协调度模型研究了生态经济系统的耦合协调状况，在此基础上对工程的综合效益进行了定量的评价。技术路线见图 1－1。

三 调研情况与数据来源说明

1. 调研情况

调研是在 2013 年 7 月和 8 月进行的。笔者参与的国家社科基金项目课题组对宁夏回族自治区所辖 3 个县，采取分层随机抽样方式选取 9 个乡镇 36 个行政村，288 户农户进行了调研。

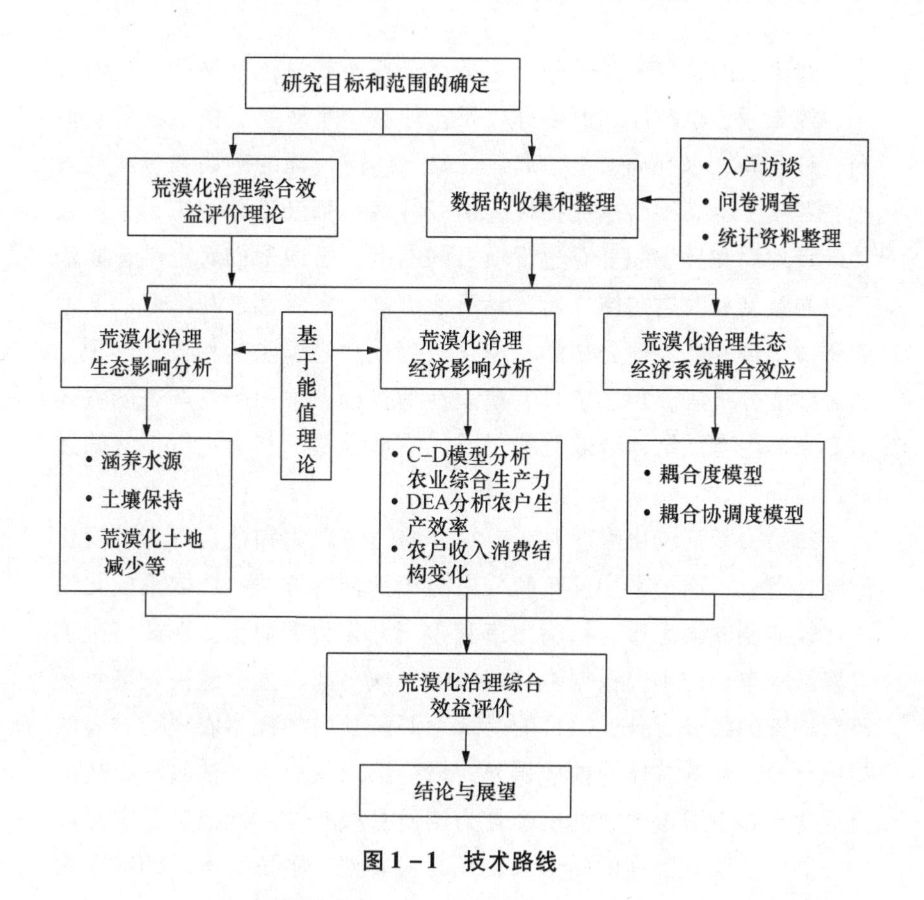

图 1－1 技术路线

具体调研分为以下几个阶段：首先，进行了问卷设计，在参考国内外有关荒漠化治理综合效益和生态经济耦合，以及生态工程对农户生产生活影响的文献基础上，结合本书的研究目的，设计问卷并进行反复修改；其次，进行了预调研，在不同的地区抽取农户进行了预调研；再次，根据预调研的情况，及时发现存在的问题，对调查问卷进行修改和完善，形成正式问卷；最后，正式调研阶段，西北农林科技大学经济管理学院资源管理中心的 18 位研究生从 2013 年 7 月 16 日到 8 月 18 日，先后在宁夏回族自治区林业厅、农业厅、水利厅以及市县的农业局、林业局、水利局、土地局、气象局、财政局进行调研，获得关于荒漠化治理的宏观数据。同时在中宁县、盐池县和平罗县进行问卷调查，获得农户层面的数据。

调研的内容分为两部分：一是对宁夏回族自治区林业厅、农牧厅、气象厅、财政厅、退耕办以及盐池县、平罗县、中宁县的农业局、林业局、水利局、土地局、气象局、财政局的座谈和资料的收集。考察了哈马湖自然保护区，访谈林场干部及部分职工，了解保护区管理局和林场职工对建设项目的态度，听取他们对荒漠化防治工程的意见和改进措施。通过对治沙英雄白春兰和美利纸业的实地调研，了解专业治沙公司的荒漠化治理成功经验和运作模式。预先通过频度分析法，预选了具有代表性的指标，采用问卷调查的方式请专家对生态系统耦合效益和荒漠化治理效益的指标进行最终筛选并赋值评判。

二是关于荒漠化治理对调查农户的经济影响和社会行为的变化影响。首先，通过平均分布和分层随机抽样的方法，选取荒漠化治理比较典型的吴忠市、石嘴山市和中宁县作为调研市。在此基础上选取县级单位样本，根据森林资源的区域分布、社会经济发展水平等对调查的县进行分层，目的是减小调研县内的样本农户所调查的指标差异，降低总体的抽样误差，最终选取吴忠市盐池县、石嘴山市平罗县和中卫市中宁县三个县为调研县级单位。盐池县是宁夏回族自治区荒漠化治理的示范县，具有代表性。平罗县下面的陶乐农场，作为一家国营农场，在荒漠化治理过程中积累了丰富的经验。中宁县特色农业和林业发展得较好。其次，在抽取的样本县中根据农户的林地分布情况和管理状况，抽取代表性的乡（镇）级样本单位，考虑到农户林地经营类型的特色与代表性，从每个样本县中各选取 3 个乡（镇）级样本单位。在盐池县选取花马池、冯记沟、王乐井为代表，在平罗县选取陶乐、高仁、红崖子为代表，在中宁县选取宁安镇、鸣沙镇、石空镇。最后，根据乡（镇）上关于农户林地经营的特色和经济发展趋势，每个镇选取 4 个村。在每个村根据知识结构、年龄情况、经济状况的不同，选择 8 个样本农户，对其进行一对一的访问调查。这样充分保证了问卷的质量。

最终选取 3 个县 9 个乡镇 36 个行政村的 288 户农户作为样本。通过问卷调查和访谈的方式进行调研，调研期间共发放问卷 288 份，后期对问卷进行整理的过程中，剔除了一些异常农户或者信息不真实的农户的信息，在此基础上形成276份有效问卷，有效率为95.8%。表1－1列出了样本分布情况。

表1－1　　　　　　　　　　样本分布情况

县名称	样本镇（乡）	有效问卷量	所占比例（%）
盐池县	花马池、冯记沟、王乐井	92	33.3
平罗县	陶乐、高仁、红崖子	91	33
中宁县	宁安镇、鸣沙镇、石空镇	93	33.7
合　计	9	276	100

调查内容主要包括以下几个方面：调查农户的社会经济特征、农户生产要素投入和产出情况、收入消费结构变化、荒漠化治理工程对农户生态环境的影响、群众对治沙的满意度、对现有生活的满意度等。

2. 数据来源

本书的数据来源于调研的276户有效样本农户，分析了荒漠化治理工程对农户生态环境的影响、农业综合生产力、农户效率、生产生活方式的改变。同时还查阅了官方统计资料以及宁夏回族自治区林业厅提供的资料，如《中国统计年鉴》、《宁夏统计年鉴》、《宁夏林业及相关产业发展统计公报》，盐池县、中宁县及平罗县乡镇、村的统计公报和经济统计手册资料。结合年鉴资料和农户调研资料，对该地区实施荒漠化治理工程至今（1975—2013年）的物质能量投入与产出的基础数据进行整理，评价了生态经济系统耦合效应和综合效益。

在应用上述资料时，严格遵守以下三个原则：第一，尽量使用最新的统计资料；第二，凡涉及村级统计数字，尽可能地采用田野调查得来的第一手资料，以保证数字的客观准确；第三，对于问题的分析和探讨，综合了农户和各级地方政府及组织的意见和看法，以避免以偏概全，扭曲了问题的真实所在，力求接近问题的本质。

保障了数据来源的真实性、客观性和可靠性，为下一步的评价工作奠定了良好基础。

第五节　本书的创新之处

本书借助能值理论对宁夏荒漠化治理前后的生态经济效果进行评价，运用耦合度和耦合协调度模型考察了荒漠化治理前后社会经济子系统和生态子系统的变化情况，并且将生态经济系统的耦合状况作为荒漠化治理效益评价的一部分，在此基础上，构建了宁夏荒漠化治理的效益评价体系，测算了宁夏荒漠化治理的综合效益。

本书的主要研究内容和创新性如下：

（1）以往对生态工程的综合效益评价，主要从经济效益、社会效益、生态效益三方面进行衡量，很少研究生态经济系统中各个子系统的关系。如果生态系统中的社会经济子系统和生态子系统处于失衡状态，这时即使综合效益在提高，但是对整个生态经济系统的发展都是无益的。本书尝试将生态系统的耦合效应作为荒漠化治理效益评价的一部分，在注重综合效益提高的同时，还注重生态子系统和社会经济子系统的协调发展，使效益评价的内容更加全面。

（2）构建了市场化生态环境治理制度框架。构建了以政府调控为核心，以农户和委托公司为第三方的市场化生态环境治理制度框架。这一研究对其他地区的荒漠化治理具有一定的参考意义。

（3）尝试用能值理论来研究荒漠化治理问题，将生态投入和经济投入及产出都纳入到生态经济系统的研究中，分析了宁夏实施荒漠化治理前后生态系统投入产出的能值动态，制定了能值分析表，建立了反映生态环境和经济特征的能值综合指标体系，评价了荒漠化治理的生态经济效应。

（4）尝试用耦合度和耦合协调度模型对荒漠化治理生态经济系统进行研究，丰富了生态系统耦合的理论。本书的研究区域具有一定的典型性，该研究结果也可以为其他生态环境脆弱区域加以借鉴。

第二章　相关理论与概念界定

第一节　相关概念界定

一　荒漠化和荒漠化治理

土地荒漠化是指干旱、半干旱和亚湿润干旱地区的土地退化现象。[①] 1977 年“联合国荒漠化大会”（UNCOD）以后，荒漠化这个定义（Desertification）被正式广泛地运用[②]，所谓荒漠化就是：由于土地表面的生物潜力遭到削弱，破坏了生态系统的有序发展，最后引起类似荒漠的现象的产生。[③] 其内涵是：以土地退化为本质，与人类活动相关联，以荒漠化景观为标志，以脆弱生态环境为背景。

二　荒漠化治理综合效益

荒漠化治理的综合效益由生态效益、经济效益和社会效益这三部分组成。这三者之间是相辅相成、缺一不可的关系。

荒漠化治理的生态效益是通过实施荒漠化治理工程，增加工程林草生物量，提高林草质量，改善载畜量和用地率。最终通过改善水土价值、改良土壤效益、净化大气效益达到治理荒漠化的目的。

---

① 王双怀：《中国西部土地荒漠化问题探索》，《西北大学学报》（哲学社会科学版）2005 年第 4 期。

② UNCOD, *Desertification: Its Causes and Consequences*, Oxford: Pergamon Press, 1977, p. 86.

③ 朱震达：《中国土地荒漠化的概念、成因与防治》，《第四纪研究》1998 年第 2 期。

通过治理，改善了自然环境和人类生产生活环境，重新平衡生态系统。

荒漠化治理的社会效益由有形的社会效益和无形的社会效益两部分组成。有形的社会效益是能够用货币形式度量出社会价值的增加部分。无形的社会效益指文化水平的提高、劳动条件的改善等。荒漠化治理工程实施之后，提高了该地区群众物质文化生活水平，为国家减轻了经济负担，促进区域的可持续发展。

荒漠化治理的经济效益是指由于生态环境的改善，提高了土地利用效率的增加和土地生产力，最后转化为经济形态的那部分效益。这里的经济效益可以包括两部分：一是可以用货币形式度量的效益，二是可以转换为货币形式的效益。前者指通过对林副产品的变卖引起的货币价值的增加；后者指由于林木具有涵养水源、固土保肥、防风固沙等无形价值所体现的效益。

早期多对荒漠化治理单方面的效益进行研究，即或者强调治理的经济效益，或者强调治理的生态效益。这些都不科学，应该强调经济效益、社会效益、生态效益综合发展。随着生态工程的进一步深入，理论界和实务界对这一点已经达成共识。

三　生态经济系统耦合

"生态系统"的概念是由英国生态学家坦斯利（1935）提出的，他认为生态系统是存在于一定的时空范围内，各种生物成分和非生物成分彼此之间通过物质循环和能量流动相互作用、相互依存而共同形成的一个生态学功能单位。它将生物和非生物环境看作相互影响、相互依存的统一整体。生态系统由非生物环境、生产者、消费者和分解者四部分构成。①

耦合原本是物理学中的一个概念，近年来学者在研究农业问题、生物物种的繁衍、生态系统的时候也会借鉴这一概念。② 耦合指两

---

① 丁圣彦：《生态学——面向人类生存环境的科学价值观》，科学出版社2004年版，第238页。

② 董孝斌、高旺盛：《关于系统耦合理论的探讨》，《中国农学通报》2005年第21期。

个及两个以上的体系相互作用并且彼此影响的现象。耦合的各方通过交换各自的资源、能量和信息，根据自己的需要，相互之间产生限制、选择、汇聚和放大。两个系统之间是对立和统一的关系，既存在约束限制的过程，也存在联合和汇聚的过程。在限制和约束的过程中，系统各方要对原有的自由度进行削减；而协同和放大的过程则是在形成一种新的结构过程中，耦合各方相互促进，解放内部潜在的能量，提高生态效益和经济效益[①]（王让会、张慧芝，2005）。在生态学研究领域引进耦合的概念，有利于深层次分析生态、经济、社会之间的关系及相互作用过程[②]，有利于人们更加清楚地认识事物的发展过程。

第二节　荒漠化治理的基本理论

荒漠化治理工程作为一项复杂的系统工程，涵盖了区域经济、社会和谐、生态环境等多个方面。荒漠化治理理论基础包括系统学、生态学、景观生态学、生态经济学等多个理论学科。

一　系统学理论

系统学理论是研究荒漠化治理的理论基础。系统科学是揭示复杂系统的发展规律，研究如何建设、管理和控制复杂系统的综合性科学。系统学理论中系统学的整体性原理、系统学的阶层性原理与荒漠化治理联系最为紧密，因此下面就介绍这两个理论。

1. 系统学的整体性原理

系统学研究生态系统的整体性，系统的总体的效益往往大于各个部分之和。但是整体的效果不是各部分效果的简单累加，而是各个要素的相互作用时产生的整体功能，这一整体功能大于各部分单

---

① 王让会、张慧芝：《生态系统耦合的原理与方法》，新疆人民出版社 2005 年版，第 65 页。

② 任继周、贺汉达、王宁：《荒漠—绿洲草地农业系统的耦合与模型》，《草业学报》1995 年第 4 期。

独的功能。荒漠化治理生态经济系统由生态系统、社会系统和经济系统组成。因此应该考察这三者之间的整体功能。我们在研究荒漠化治理生态经济系统时，不能将这三个子系统割裂开来，也不能对各个子系统的结构和功能进行简单累加，而应该考察它们相互作用的整体功能。始终以科学的发展观为指导，坚持以经济效益建设为基础，生态效益为保障，社会效益为目的。荒漠化治理工程的实质就是在尊重客观规律的前提下，运用合理的经济手段，调控系统间的各种资源，不断通过系统的自我调控能力，促使系统走向良性循环的发展过程，最终实现生态经济和社会经济系统的和谐有序发展。①

荒漠化治理生态经济系统是包含生态、经济、社会子系统的复杂系统，涉及地区多，且地域差别大。如果片面地发展各子系统中的某一部分，不但会削弱整体的功能，还会影响这部分子系统的效果。荒漠化治理的生态经济系统各个子系统之间通过合理的比例关系进行分工合作，促进系统之间物质流、能量流、信息流和价值的流动以及汇聚。生态系统、社会系统和经济系统之间通过合理的比例关系，相互约束和限制自己原有的一部分属性，协同和放大对系统有利的属性，最终形成一个高效运作的系统，实现整体功能的最大化。

2. 系统学的阶层性原理

系统是由若干个子系统组成的，各个子系统之间在组建的过程中，有着一定的逻辑关系和位阶顺序。不同阶层的子系统之间具有上下从属关系，它们之间存在信息流和物质流的交换。由于系统的层次和各个影响因素之间存在相互作用、相互限制的关系，割裂其中任何一个子系统都会降低荒漠化治理的整体效益，严重的时候甚至会导致整个生态经济系统处于崩溃的边缘。因此，在实施荒漠化治理工程时要注意保持系统的稳定性和连续性。由于不同地区地理

① 杜英：《黄土丘陵区退耕还林生态系统耦合效应研究——以安塞县为例》，博士学位论文，西北农林科技大学，2008 年。

环境、自然资源和生态环境的不同，荒漠化治理生态系统的各个子系统也具有明显的差异性。因此，在进行宏观政策调控的时候，应该考虑到不同系统的差异性和异质性，有针对性地区别对待。根据空间地域进行划分，可以将荒漠化治理生态经济系统分为全国性、全省性、全县性几类。生态系统所处的位阶越高，各个子系统之间的作用机制会越复杂。例如，全国性的荒漠化治理生态经济系统的运作肯定要比省际的复杂。

二　生态学理论

人类在对荒漠土地进行修复的时候，应该在尊重客观规律和生态学理论的前提下进行，只有这样才有利于生态经济目标的实现。

1. 荒漠化治理与生态平衡理论

生态平衡是指在特定的时期内，生态系统的内外部各种群之间选取自己需要的能量、信息进行流动，同时向系统贡献自己的能量，最终达到系统内部和外部的协调和统一的状态。[①] 要实现物质和能量上的动态平衡，必须使其在一定时期内进入生态系统和从生态系统中取走的各种物质在数量上趋于收支平衡；系统中循环的各种物质保持合理的比例；使系统中的生命系统和环境系统在各个环节上协调发展。而且能够做到当遇到外来干扰时，通过自我调节恢复到最初的稳定状态。

生态效益是判断生态平衡的重要标准。如果生态系统内生态效益降低，生态环境状况出现恶化，这就表明这种生态平衡被破坏。面对生态失衡，除了依靠生态系统本身的自我修复功能，更需要借助生态学的观点和方法来指导工作。在实施荒漠化治理的过程中也不例外，为了使系统处于生态平衡的状态，要运用生态学的观点来指导荒漠化治理工作，并以此为依据制定切实可行的政策。[②] 而且实践证明所处位阶较高的生态系统的自我调节和修复的能力会强于

---

① 欧阳资文：《喀斯特峰丛洼地不同退耕还林还草模式的生态效应研究》，博士学位论文，湖南农业大学，2010 年。

② 杜英：《黄土丘陵区退耕还林生态系统耦合效应研究——以安塞县为例》，博士学位论文，西北农林科技大学，2008 年。

位阶较低的生态系统。因此，对于生态失衡状态进行调节不但是有益的，而且是必要的。

2. 荒漠化治理与限制因子原理

环境中的光、热、水、气、无机盐类等生态因子都会对生物的生长和分布有直接或间接的影响。①

环境中的各个生态因子之间存在相互作用和相互制约的关系，任何一个单因子都会对周围的其他因子产生影响。在生态系统中存在制约系统发展的因子，这些制约因子会限制生物的生长和繁殖。而且这些限制因子具有较强的转换性，当其中任何一种生态因子超过生物的耐受范围都可能发展成为限制因子。知道限制因子的这一特征，就可以在治理过程中规避。如在实施荒漠化治理工程的过程中，可以找到系统中的限制因子，并对其进行改善，从而保障修复工程的质量，获得较高的生态效益和经济效益。水分、土壤、温度、光照等都会成为限制因子。例如，土地荒漠化一般分布在干旱地区，这一地区通常缺水情况严重，在该区域实施荒漠化治理工程，必须从改善水分这一限制因子出发，充分利用该地区有限的水源，种植一些耐旱性极强、保水性能好的植被，如耐旱乔木和灌木。通过这种措施，会有效地涵养该地区的水源，逐步改善该地区植物的种群分布，最终达到改善生态环境的目的。②

3. 荒漠化治理与生物多样性原理

生物多样性是由遗传多样性、物种多样性、生态系统多样性和景观多样性四部分组成的。在荒漠化治理过程中，为了提高系统的生态经济效益和资源的利用效率，必须考虑维护生物的多样性。生物多样性可以促进系统之间和谐发展：生态子系统具有净化空气、涵养水源、防止水土流失的功能。经济子系统包括各种的能量流动、物质循环和信息传递过程。社会子系统包括人类的社会关系、

① 李世东：《中国荒漠化治理研究》，科学出版社2004年版，第93页。

② 李洪远、鞠美庭：《生态恢复的原理与实践》，化学工业出版社2005年版，第65页。

民族文化和政策法令等。由此可见，荒漠化治理生态系统是物理环境和经济社会环境的有机组合。经济杠杆、社会杠杆、自然杠杆的有效耦合是生态经济复合系统持续发展的关键，在实施荒漠化治理的时候，不仅要遵从自然规律，还要遵从人类活动的社会规律。在制定方针政策的时候，要综合考虑该地区的社会、经济、自然因素，因地制宜地确定不同地区的经济发展战略模式。[①]

三　景观生态学理论

景观生态学是研究景观的学科，它通过对物质流、能量流、信息流和价值流的交换规律进行分析，运用生态系统理论和方法研究不同景观单元的分布、空间配置、相互作用机制。[②]

目前，在农业生态工程、土地规划、区域规划等许多领域都应用景观生态学。[③] 荒漠化治理是自然条件和人类活动共同作用的结果，景观生态学中许多概念和原理同样适用于荒漠化治理。在荒漠化治理的实践过程中可以运用景观生态学的理论和方法。在进行生态修复过程中，运用景观生态学构建要修复要素的空间构型。

在荒漠化治理过程中可以引用景观系统的概念和原理。生态效益综合评价的基本概念、评价方法的选取、指标体系的构建等各个方面都渗透着该学科的知识。[④] 荒漠化治理是时间跨度很大的工程，在这一过程中各个系统的相互作用会发生变化，只有这些作用持续呈正效应时，才能使景观自然环境协调发展下去。时间尺度是一个有用的衡量指标，在研究荒漠化治理生态经济系统综合评价时就可以借助景观生态学的景观这一尺度。[⑤] 异质性有利于不同物质的相

---

① 杜英：《黄土丘陵区退耕还林生态系统耦合效应研究——以安塞县为例》，博士学位论文，西北农林科技大学，2008 年。

② 邬建国：《景观生态学——格局、过程、尺度与等级》，高等教育出版社 2000 年版，第 12 页。

③ 傅伯杰、陈利顶：《景观生态学原理及应用》，科学出版社 2002 年版，第 15 页。

④ 肖笃宁、胡远满、李秀珍：《环渤海三角洲湿地的景观生态学研究》，科学出版社 2001 年版，第 54 页。

⑤ 邱扬、傅伯杰：《土地持续利用评价的景观生态学基础》，《资源科学》2000 年第 6 期。

互搭配，有利于综合效益的提高。在荒漠化治理过程中，可以增加物质分配的多样性，提高工程中植被建设的异质性。[①] 景观生态学的理论能广泛应用于荒漠化治理的研究中。将景观生态学中的干扰、尺度、异质性等运用到荒漠化治理中植物的结构搭配，保持生态系统的最佳结构和功能，积极发挥系统的生态效益、经济效益和社会效益，达到最佳的耦合状态。[②]

四　生态经济学理论

传统的学科划分认为生态系统和经济系统是两个独立的部分，往往将它们割裂开来进行研究。生态经济学是在可持续发展理念的指导下，将两者作为一个整体进行研究，分析两者之间的结构、作用机制和发展规律。认为生态系统与经济系统之间存在物质循环、能量转化、价值增值和双向耦合的规律，从结构、功能、平衡、效益、调控几个角度揭示出这一复合系统的发展规律。“生态与经济协调”是该理论的核心，经济的可持续发展增长应该和生态资源的持续力增长相一致，最终实现经济效益和生态效益的“双赢”。[③]

生态经济学由生态经济系统、生态经济平衡和生态经济效益这三部分组成。其中，生态经济系统是载体，生态经济平衡是系统的发展动力，生态经济效益的提高是最终目标。

生态经济平衡是由生态平衡和经济平衡共同作用的复合平衡。但是这两者在相互发展的过程中也存在矛盾，因为在一定时期内，资源的总量是一定的。所以会存在两个系统为了自己的利益，竞争有限资源的情况。如何保持两者的共赢呢？在有限的资源使用过程中，只有积极发展生产力，依靠科技进步来提高资源的总体利用效

---

① 赵安玖、胡庭兴、陈小红、李臣：《退耕坡地系统生态综合评价中几个景观生态学问题》，《四川林业科技》2006 年第 6 期。

② 杜英：《黄土丘陵区退耕还林生态系统耦合效应研究——以安塞县为例》，博士学位论文，西北农林科技大学，2008 年。

③ 王继军等：《生态经济学理论在环境恢复与重建中的应用》，《贵州林业科技》2004 年第 5 期。

率，才能使两者实现可持续发展。①

因此，在有限的资源下，必须构建一个良性循环的生态经济系统。在这一过程中，技术手段起到了关键的作用。虽然不同地区技术手段不同，但是都必须符合生态系统反馈机制的客观要求。追求生态经济效益的最大化是生态经济系统的必然要求。根据生态经济学中的综合效益原理，以实现效益最大化为目的，通过人类有意识的干预措施，将生态和经济效益在林木和环境之间进行合理分配。该综合效益包括直接收益和间接收益两部分，前者是林木资源的货币化，后者虽然不能进行货币化度量，但是却对改善生态环境起到了积极作用。因此，这类间接收益的作用也是不可被忽视的。森林植被所产生的涵养水源、防风固沙、固土保肥、净化空气的生态功能对恶劣自然环境的改善起到了非常重要的作用。对荒漠化的土地进行修复，不仅提高了土地的利用效率，也改善了生态环境。②

第三节 生态经济系统耦合的基本原理和内在机制

生态系统是存在于一定的时空范围内，各种生物成分和非生物成分彼此之间通过物质循环和能量流动相互作用、相互依存而共同形成的一个生态学功能单位。生态经济系统耦合指生态系统和经济社会系统相互作用并且彼此影响的过程。

一 生态经济系统耦合的基本原理

生态系统和经济系统之间存在物质循环、能量转化、价值增值和双向耦合的过程。这两者共同发展组成了生态经济系统，该系统

---

① 杜英：《黄土丘陵区退耕还林生态系统耦合效应研究——以安塞县为例》，博士学位论文，西北农林科技大学，2008 年。

② 李世东：《中国荒漠化治理研究》，科学出版社 2004 年版，第 38 页。

包括结构和功能两部分。一般情况下，系统的各个结构比较稳定，而功能却具备动态的变化性。生态经济系统内能的关系式可以表达为式（2－1）。

$$F=E-TS \quad (2-1)$$

式中：F 为自由能；E 为总能；T 为绝对温度；S 为熵。

自由能是整个生态系统中最活跃的部分，它促使了系统的重新组合。在熵保持不变的情况下，如果给系统投入更大的能量，自由能的值就会增大。自由能积累造成的势能会改变原有系统的稳定性，使整个生态系统处于失衡状态。当这些势能受到某些因素的影响，会形成新的生态系统的汇聚，系统的结构重新组合，形成一个新的功能体，新的功能体会促使一个更高级别的生态系统的形成。在这个新生态系统内部，会在势能的驱动下，形成一个全新的能流、信息流和物质循环。势能是激发旧的生态系统向新的生态系统过渡的重要诱因，当系统的结构和功能达到一定条件的时候，就会出现一个新的、更高级别的耦合系统。[①] 这样也使不同级别的耦合等级按照一定的逻辑顺序进行排列，从而形成等级系统。[②]

因此，由于自由能的积累产生了生态系统的非平衡态，这是系统耦合形成的理论依据。系统通过减少自由能的积累会使耦合系统达到最大稳定。由于生态系统会经常处于非均衡状态，并且诱发耦合的势能非常活跃，所以促成新的耦合状态出现的概率很大。[③] 新的系统也是由不同的能量等级系统组成的有机体。

二　生态经济系统耦合的驱动力

能量的聚集和交换使得旧的生态系统向新的生态系统过渡。在

---

① 杜英：《黄土丘陵区退耕还林生态系统耦合效应研究——以安塞县为例》，博士学位论文，西北农林科技大学，2008 年。

② 万里强、侯向阳、任继周：《系统耦合理论在我国草地农业系统应用的研究》，《中国生态农业学报》2004 年第 12 期。

③ 林慧龙、侯扶江：《草地农业生态系统中的系统耦合与系统相悖研究动态》，《生态学报》2004 年第 24 期。

这一过程中，能量是实现系统耦合的关键因素。自由能是连接不同系统之间的同质性标志。以自由能这一序参量为外接键，使系统之间发生关联，系统 A 中的能量转移到系统 B，前者的自由能减少，后者的自由能增加，两者之间的开放性有所提高，两个系统之间的生产水平同时提高，从而在系统之间产生耦合效应。

荒漠化治理的生态系统耦合的驱动力可以分为两类：一类是自然驱动力，另一类是人为驱动力。在生态系统中，植物、动物和微生物这三者在物质循环的过程中发生自由能的转化，这样就产生了系统间的耦合。自然驱动力的耦合是基础，但在这种情况下，各种植物、动物、微生物种群进行相互作用和影响，产生的系统的效率比较低下。为了形成生产力水平高、稳定性强的耦合水平，可以采取人为的调控手段。

生态经济系统是自然选择和经济社会共同作用的结果，经济系统要求人们有目的地对生态系统进行干预，以获得更多的物质和能量。但是，生态系统所提供的产量有一定阈值的限制。由于一定时期内资源具有有限性，因此，生态系统和社会经济系统之间存在一定的矛盾，这种矛盾会引起生态系统的退化，这种退化是一种消极的负面影响，会破坏生态经济发展的秩序。[①] 荒漠化治理工程就是在宏观政策的指引和导向下，在生态经济复合系统内部，积极发挥耦合的汇聚和扩大作用，优化系统内部的结构和功能，从而促进区域经济的良性循环。[②]

三　生态经济系统耦合的作用机制

能量的聚集和交换使得旧的生态系统向新的生态系统过渡。这个过程可以提高生态经济系统的生产潜力，实现经济和社会系统的“双赢”。系统之间的耦合作用是通过催化潜势、位差潜势、多稳定

---

① 任继周：《河西走廊山地—绿洲—荒漠复合系统及其耦合》，科学出版社 2007 年版，第 68 页。

② 杜英：《黄土丘陵区退耕还林生态系统耦合效应研究——以安塞县为例》，博士学位论文，西北农林科技大学，2008 年。

潜势和管理潜势来实现的。[①]

催化潜势：系统耦合过程中具有正向和逆向两种反应趋势。如果对这两种反应趋势进行催化，可以加快系统的循环速度，同时增加自由能。这两种方式都会加速物质和能量的流动，提高系统的生产效率。在荒漠化治理生态经济系统中，人类有意识的活动可以产生两种反应：一是正向的催化方式，其往往是通过向系统投入能量或元素实现的，如通过种植林木等方式进行正向催化；二是负向催化方式，是通过产出输出方式实现的，例如通过木材、果品等形式取走林产品这种方式也会引起系统内能量和物质的流动。

位差潜势：由于两个系统之间存在自由能的差异造成的。这种位差要发挥作用，必须经过系统耦合的过程。位差潜势与系统间存在下列关系：两个系统间的关系越近，其位差潜势也就越小；反之则相反。[②]

多稳定潜势：不同级别的耦合等级按照一定的逻辑顺序进行排列，从而形成等级系统。系统的等级越多，系统的运作越复杂。增强系统耦合的多稳定潜势的方法很多，其中可以通过增加转化阶数来实现。在这种情况下，虽然各个子系统的位差潜能处于不断变化和调整过程，但复合系统的自由能总量却保持恒定，避免了系统生产水平的大幅度变化。

管理潜势：是指不同生态系统经过耦合，将低层系统耦合转化为更高层次的等级系统。简化生态系统的管理水平，明显增强管理强度。

因此，通过增强正向催化、提高系统位差、增加系统转化阶数、加强管理等措施，会提高耦合系统生产力。[③]

---

① 杜英：《黄土丘陵区退耕还林生态系统耦合效应研究——以安塞县为例》，博士学位论文，西北农林科技大学，2008 年。

② 马俊杰、程金香、张志杰、王伯铎：《生态工业园区建设中的耦合问题及其实施途径研究》，《地球科学进展》2004 年第 S1 期。

③ 同上。

第四节　本章小结

本章论述了荒漠化治理理论基础，包括系统学、生态学、景观生态学、生态经济学等多个学科。阐述了生态系统耦合的基本原理和内在机制。耦合指两个及两个以上的体系相互作用并且彼此影响的现象。在生态学研究领域引进耦合的概念，有利于深层次分析生态、经济、社会之间的关系及相互作用过程。荒漠化治理生态经济系统是包含生态、经济、社会子系统的复杂系统，涉及地区多，且地域差别大。如果片面地发展各子系统中的某一部分，不但会削弱整体的功能，还会影响这部分子系统的效果。荒漠化治理的生态经济系统各个子系统应该具有合理的比例关系，有着和谐的分工协作关系，系统之间才能完成物质、能量、信息、价值的交换。

第三章　宁夏荒漠化治理现状和管理模式研究

第一节　宁夏荒漠化治理现状

一　研究区域概况

宁夏受荒漠化的影响比较大，这是由该地区独特的地理位置和自然环境所决定的。

（一）自然环境概况

自然地貌对宁夏回族自治区资源分布有着重要的影响。

1. 地理位置

宁夏位于中国西北地区，东经 104° 17′—107° 39′ 与北纬 35°14′—39°23′。该地区地势南高北低（一般海拔在 2000 米左右），东西最宽处 250 千米，南北最长处 456 千米。宁夏东邻陕西省，西部、北部连接内蒙古自治区，南部与甘肃省相连。总面积为 6.64 万平方千米。宁夏地区干旱少雨，境内有三大沙漠，土地沙化现象比较严重①（孙长春，2003）。宁夏荒漠化面积 289.88 万公顷，约为全区土地总面积的 55.8%，是我国西部荒漠化最为严重的省区之一。②

---

① 孙长春：《宁夏土地荒漠化现状与防治措施》，《绿色中国》2003 年第 2 期。

② 李庆波：《浅谈宁夏土地荒漠化成因及防治对策》，《宁夏农林科技》2011 年第 52 期。

2. 地形地貌特征

宁夏位于高原和山地交错带，大地构造较为复杂。从西面、北面至东面，被腾格里沙漠、乌兰布和沙漠和毛乌素沙漠相包围，南面与黄土高原相连。宁夏地域呈南北长、东西短的不规则形状。境内有山脉、高原、丘陵、冲积平原、台地、河谷，各类地貌一应俱全。复杂多样的地表形态，为经济的发展提供了不同的条件。

3. 气候环境

宁夏处于东部季风区域与西北干旱区域的交汇地带，气候条件具有显著的过渡性、多样性特征，属明显大陆性气候，主要特点是日照充足、太阳辐射强，春暖迟、夏热短、秋凉早、冬寒长，干旱少雨、蒸发强烈、风大沙多、气温多变，年、日温差较大，无霜期短，年平均无霜期 113—161 天。年平均气温 5. 1—9. 6℃，年日照时数为 2194. 9—3082. 2 小时，≥10℃积温 1900—2400℃，昼夜温差一般在 12—15℃。年平均降水量 179—800 毫米。由于光热降水资源很不协调，造成宁夏气候“南寒北暖、南湿北干”。灾害性气候也时有发生。

4. 水文特征

宁夏是中国水面蒸发量较大的省区之一，全区平均年水面蒸发量为 1250 毫米，变幅在 800—1600 毫米，全区多年平均年径流量为 9. 493 亿立方米，平均年径流深 18. 3 毫米，是黄河流域平均值的 1/3，是中国均值的 1/15。年径流地区分布不均匀，山地多，台地少；南部多，北部少。在南部六盘山区东南侧，年径流深约为 300 毫米，而到北部的引黄灌区边缘则不足 3 毫米，相差近百倍。宁夏水资源以硫酸盐类和氯化物为主。全区城市供水水源地水质基本符合标准。水资源主要特点是：干旱少雨，总量严重不足；水利基础设施薄弱，水资源调控能力不足；用水结构失衡，水资源利用效率不高。

5. 土壤

宁夏土壤类型多样，分属于 10 个土纲、17 个土类、37 个亚类和 75 个土属。从面积上看，以灰钙土、黄绵土分布最广，占地表面积的48.7%。宁夏土壤大体呈水平和垂直地带分布，并有非地带性土壤和人为土壤。水平地带土壤有黑垆土和灰钙土两类。黑垆土主要分布在黄土丘陵沟壑区年降水量300毫米等值线以南的地区，土壤母质为深厚疏松的黄土，有机质土层厚度一般为50—100厘米，含量为1.1%—1.8%。黄土丘陵区北部及干旱草原区有灰钙土分布，有机质土层厚度为30厘米，有机质含量为0.7%—1.5%，以沙壤土为主，部分为轻壤土，由于灰钙土地区气候干旱，土壤结构松散，易遭风蚀。由南向北土壤呈现出有机质积累减少，盐类淋溶作用减弱，机械组成由中壤土逐渐变为轻壤土呈现逐渐变粗的规律。

6. 林业资源条件

根据宁夏最新森林资源规划设计调查结果，全区土地总面积为519.55万公顷，其中林地面积217.75万公顷，占土地总面积的41.91%。森林面积74.29万公顷，占林地面积的34.12%，森林覆盖率14.3%。乔木林面积16.38万公顷，占林地面积的7.52%；疏林地面积1.62万公顷，占林地面积的0.74%；灌木林地面积45.21万公顷，占林地面积的20.76%；未成林地57.70万公顷，占林地面积的26.49%；无立木林地面积6.32万公顷，占林地面积的2.9%；宜林地面积90.09万公顷，占林地面积的41.37%。全区用材林资源较少，面积仅0.32万公顷，蓄积9.06万立方米。

（二）社会经济概况

2013年宁夏生产总值为2565.06亿元，比上年增长9.8%。其中，第一、二、三产业的增加值分别为222.98亿元、1264.96亿元、1077.12亿元，同比分别增长4.5%、12.5%、7.5%。2012年三次产业对经济增长的贡献率分别为4.5%、61.8%和33.7%，到2013年转变为3.8%、66.6%和29.6%。

宁夏在2013年全年完成农业总产值430.00亿元，比上年增长4.7%。其中，种植业产值269.00亿元，增长4.3%；林业产值9.84亿元，增长0.7%；畜牧业产值120.01亿元，增长3.8%；渔业产值13.22亿元，增长17.5%；农林牧渔服务业产值17.93亿元，增长9.6%。

二　宁夏土地荒漠化类型

宁夏荒漠化土地总面积289.88公顷，占自治区土地总面积的55.8%。宁夏土地荒漠化主要表现为风蚀、水蚀、盐渍化三种形式，风蚀荒漠化主要分布在石嘴山市、吴忠市的大部分地区和中宁县的部分地区；水蚀荒漠化主要分布在中卫市沙坡头区、中宁县、同心县和原州区的部分地区；盐渍化主要分布在石嘴山市、银川市和吴忠市的部分地区。从各市分布来看，银川市、石嘴山市、吴忠市、中卫市的荒漠化土地面积分别为43.56万公顷、21.55万公顷、130.01万公顷、94.76万公顷。宁夏荒漠化土地具体分布情况见表3－1。

表3－1　　**宁夏荒漠化土地面积统计**　　单位：万公顷

行政单位	银川市	吴忠市	石嘴山市	中卫市	合计
面积	43.56	130.01	21.55	94.76	289.88

注：①根据宁夏回族自治区林业厅提供的资料整理而得。

②表中数据经过四舍五入处理。

宁夏荒漠化土地类型按照不同的标准，可以分为以下两类：

1. 按荒漠化类型划分

宁夏的荒漠化类型可以分为风蚀荒漠化、水蚀荒漠化、盐渍化荒漠化三类，这三类荒漠化面积分别为134.58万公顷、148.97万公顷、6.33万公顷，分别占荒漠化总面积的46.4%、51.4%和2.2%（见图3－1）。

2. 按荒漠化程度分

风蚀、水蚀、盐渍化造成的土壤生产力的下降或完全丧失，按照这种降程度进行分级，可以将荒漠化分为轻度、中度、重度和极重度荒漠化。在宁夏，这几类荒漠化土地的分布面积分别为117.08万公顷、138.38万公顷、27.58万公顷、6.85万公顷，分别占荒漠化总面积的40.4%、47.7%、9.5%、2.4%（见图3－2）。

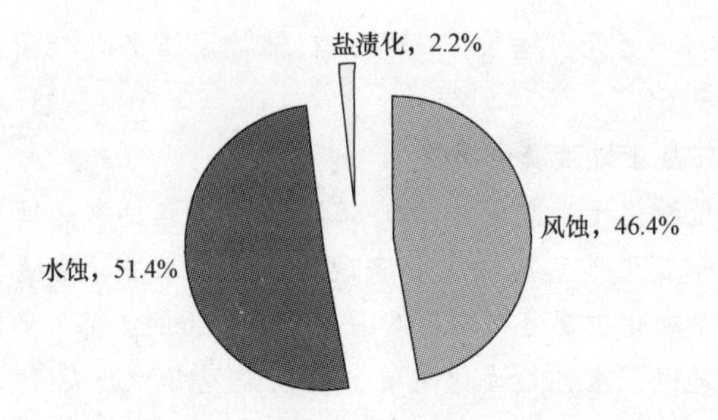

图 3－1　宁夏荒漠化类型面积比例

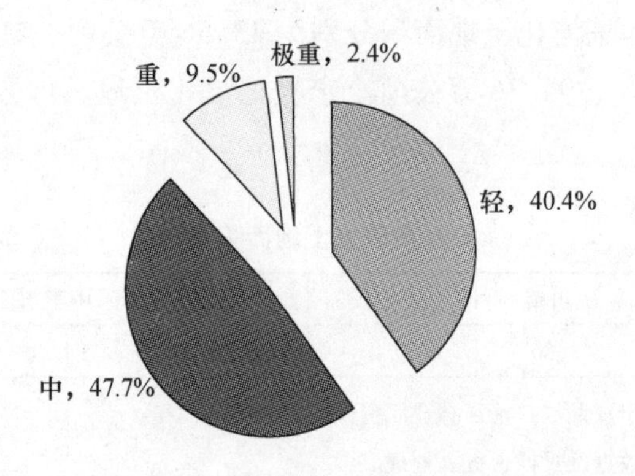

图 3－2　宁夏荒漠化程度面积比例

从图 3－1 和图 3－2 我们可以看到，宁夏的荒漠化形势十分严峻，危害也非常严重。从某种意义上讲，土地荒漠化已成为限制宁夏地区经济社会发展的重要因素。

荒漠化缩小了人们的生存空间，阻碍了土地生产力的发展，导致了生态环境的进一步恶化，导致了水土流失越来越严重，引起沙尘暴发生的频繁增加，导致大气尘埃和有害物质的数量增加，导致人类生存环境的质量呈下降趋势。

三　宁夏荒漠化治理阶段和主要治理工程

（一）荒漠化治理阶段

新中国成立后，宁夏就陆续实施了荒漠化治理工程，但是对宁夏荒漠化治理工程影响最大的是 20 世纪 70 年代开始的一系列生态治理工程。这些工程的实施，起到了涵养水源、防沙固沙、改善生态环境的作用。宁夏荒漠化治理历时半个世纪，积累了一批成功的经验。

1. 初步治理阶段（1949—1977 年）

新中国成立以后，宁夏在区内建立了一批国有林场，开展了荒漠化治理工程工作。60 年代，宁夏各级政府又陆续开办了一批乡、村办林场，初步形成了防风固沙防护林带。有效地遏制了风沙对农田的侵害，减缓了沙尘暴对该地区的威胁。①

在中卫沙坡头地区，在治理铁路的过程中，形成了特有的“五位一体”的治理方式。由于这一时期，并没有出现全省范围内的荒漠化治理工程。所以，我们对宁夏的荒漠化治理还是主要研究后面两个阶段。

2. 规模治理阶段（1978—2000 年）

20 世纪 70 年代，国家在宁夏实施了“三北”防护林工程，使宁夏荒漠化治理进入了一个规模治理的新阶段。在这一时期，主要依靠生态工程和灌溉工程，对毛乌素沙地及周围的盐碱地进行综合治理。这些措施，对当地生态环境的改善、区域经济的发展、人民生活水平的提高起到了积极的作用。② 盐碱地的面积得到了有效控制，灌溉工程对农业生产效率的提高也起到了积极作用，宁夏地区荒漠化治理工作取得了一定的成绩。

3. 综合整治阶段（2000 年至今）

这一阶段宁夏实施了退耕还林、山区小流域治理、山区基本农田建设等工程。这些工程的实施，为减轻荒漠化起到了积极的作用。在北部引黄灌区，实施农田基础设施建设，治理土壤盐渍化；在中部沙区，加强了植树造林工作，营造了沙漠绿洲；在南部山区，实行小流域综合治理工程，预防水土流失。北部、中部、南部实施的治理措施，促进了区域生态环境的改善、经济的持续增长、农牧民生活水平的提高。

---

① 孙长春：《宁夏土地荒漠化现状与防治措施》，《绿色中国》2003 年第 2 期。

② 朱丽娟、朱秀娟：《宁夏土地荒漠化现状与防治措施》，《宁夏农林科技》2001 年第 4 期。

（二）主要荒漠化治理工程概述

1. “三北”防护林工程

宁夏在1978年最早开始实施“三北”防护林工程，经过30多年的建设，到2010年，已经顺利完成了四期工程。累计完成造林面积119.7万公顷，其中人工造林88.1万公顷，飞播造林面积7.53万公顷，封山育林面积24.1万公顷。前四期累计投资57447.2万元。具体情况见表3－2。

表3－2　宁夏“三北”防护林工程建设情况

项目	年份	造林面积（万公顷）				资金投入（万元）
		总计	人工造林	飞播造林	封山育林	
“三北”一期	1978—1985	28.1	22.3	0.03	5.8	19463
“三北”二期	1986—1995	33.6	27.6	2.2	3.8	19463
“三北”三期	1996—2000	34.9	17.2	5.3	12.4	—
“三北”四期	2001—2010	23.1	21.0	—	2.1	37984.2
“三北”五期	2011—2020	50.0	30.0	—	20.0	449762.1

注：根据宁夏回族自治区林业厅提供的资料整理而得。

“三北”防护林五期工程开始于2011年，计划投资449762.1万元。工程预计造林50.0万公顷，其中，人工造林30.0万公顷，封山育林20.0万公顷，使森林覆盖率增加9.6个百分点。初步治理70.2%的沙化土地，使55%以上的水土流失面积得到有效控制。保障灌区农田林网化率达到88%，村庄绿化率达到75%以上，产业基地面积达到27.5万公顷。通过大力造林、封山育林和退化林分修复等方式，在中北部毛乌素风沙区营造防风固沙林、农田防护林与特色经济林相结合的方式，使防护林体系逐步完善。在中部干旱荒漠区，使灌草复合植被与节水抗旱型特色经济林规模得到扩展。在南部黄土丘陵沟壑区建设水土保持林与生态经济型防护林体系。“三北”防护林建设提高了宁夏的森林覆盖率，增加了林业产值，提高了林业产品的附加值。经济型防护林的发展，有效地带动了宁夏回族自治区枸杞等特色产业的发展。灌草复合植被技术等的使用，极大地提高了资源的利用率和生产效率。

2. 退耕还林工程

退耕还林工程是和群众联系最密切的一项工程。宁夏自2000年开始，在土地自然条件较差的山区推行该政策。该政策通过发动群众造林、在荒废的土地上植树造林以及封山育林的方式进行。农户将自己原有生产效率低下的土地退成山地，定期从国家那里领到一定的资金补助和粮食补助。经过十几年的建设，到2012年，已经累计完成任务1281万亩。工程一方面提高了森林的覆盖率，提高了林业产值，恢复了生物的多样性；另一方面由于耕地的减少使更多的劳动力解放出来，从事到别的行业中，也促进了区域经济的发展。

3. 宁夏“十二五”防沙治沙规划

2010年，宁夏启动了“十二五”防沙治沙规划。根据宁夏地形、气候、植被、土壤、水资源情况的自然特征，结合宁夏沙化土地分布的现状、扩展趋势、治理方向以及地域生态环境建设的特点，在宁夏的毛乌素沙地、腾格里沙漠等地区进行人力和物力的投入。工程涉及银川市、中卫市、石嘴山市和吴忠市荒漠化比较严重的市，并涵盖下面利通区、中宁县、沙坡头区、红寺堡区、盐池县、同心县等多个县。工程建设各项任务估算总投资1353100万元，其中为防沙治沙重点工程投资1004745万元（毛乌素沙地治理区投资148960万元；腾格里沙漠东南缘治理区投资373900万元；灌区腹部沙地治理区投资106065万元；中部干旱带沙化土地治理区投资155438万元）；固定沙地封禁保护178018万元；沙产业开发101840万元；能力与保障项目40476万元。

进行的重点治理工程包括下面几项：在毛乌素沙地综合治理区，沙漠边缘地带建设沙漠绿洲，围栏封育、恢复植被，开展沙漠土地综合整治；在西部干旱荒漠生态防护林体系建设区，实施第二代高标准农田防护林、贺兰山东麓生态防护林和经济林建设工程；在黄土高原实行生态经济型防护林建设和全国生态环境重点县等重点林业生态工程。[①] 具体工程见表3－3。

表3－3　宁夏“十二五”防沙治沙治理区重点工程建设任务

单位：万亩

项目实施地	流动沙（丘）地治理	半固定沙（丘）地治理	沙化耕地治理	移民迁出区治理	合计
中部干旱地带	8	17	31	280	336
毛乌素地区	87	79	135	—	301
腾格里地区	38	31	50	—	119
灌区腹部沙地治理区	13	5	—	—	18
合计	146	132	216	280	774

注：根据宁夏回族自治区林业厅提供的资料整理而得。

预计到2020年，规划全区完成沙化土地治理面积774万亩，其中流动沙（丘）地治理146万亩，半固定沙（丘）地治理132万亩，沙化耕地治理216万亩，中部干旱带沙化土地生态移民区治理280万亩。林木资源由2010年的598万亩增加1000万亩。

“三北”防护林工程、退耕还林工程和宁夏“十二五”防沙治沙工程对抑制土地沙化、改善土壤环境、提高生物多样性起到了积极的作用。

第二节　荒漠化治理的主体和影响因素分析

一　治理主体

荒漠化防治需要一个长期的过程，仅靠个人或者单独企业的力量根本不可能完成。因此，政府应该在整个荒漠化治理工程中承担主要责任。我国《防沙治沙法》第23条明确规定了各级政府的治理责任和义务：承担荒漠化治理工程的地方各级人民政府，应当按

① 于丽政、李卫忠、何婧娜：《宁夏“三北”防护林建设成效与问题研究》，《西北林学院学报》2008年第23期。

照防沙治沙规划所规定的责任和义务，组织各种人力、物力、财力，采取人工造林、飞机造林、封沙育林等手段进行生态修复工作。第32条规定了各级地方人民政府应该设立专门的荒漠化治理预算资金，该资金专款专用，任何单位或者个人不得挪用。该措施为防沙治沙提供了充足的资金保障。表3－4列出了不同的治理主体在荒漠化建设中的地位作用和参与方式等。

表3－4　　荒漠化治理工程管理模式的设计

	中央政府	地方政府	企业	农牧民
参与方式	制定规划，提供资金	提供配套资金，组织实施	从产业发展需要出发，开展治沙工作	按照政府治沙合同实施治沙
地位与作用	政策、法规制定	执行政策，制订本地工作计划，监督管理	投资投劳，具体实施	作为劳动力提供者参与
目标结构	生态效益优先，重视社会效益，兼顾经济效益	地方经济发展优先，兼顾社会效益和生态效益	企业自己经济效益优先，在产业发展中推动生态和社会效益实现	经济收益优先，兼顾生态效益
资源与投入	政策规划、生态建设资金	生态建设资金，管理权	资金、技术和管理能力	沙地使用权、收益权

在荒漠化治理工程实施的宏观层面，应建立以法律、政策、计划为主要调节手段的宏观管理模式，明确各级政府和企业、农牧民的责任和义务权限。各个治理主体应该积极履行自己的义务，确保荒漠化治理工作取得效果。

我国的防治荒漠化行政机构由中央、省、市、县、乡五级政府的林业行政机关组成，这些机构分别组成了我国荒漠化治理工程的宏观管理层、微观管理层和中间管理层。中央政府在整个治理过程中，应该起到宏观调控、积极制定政策和法规的作用。中央政府在国家林业局设置专门的机构，建立了防治荒漠化协调小组。该小组由国家林业局、科技部、水利部、农业部、国家农业综合开发办、国务院扶贫办等一系列部门组成，主要工作职责在于协调和管理大型的荒漠化治理工程，积极制定宏观政策，指导下级机构的工作。[①]省级主管的政府部门是低于中央防治荒漠化管理中心的另外一个宏观管理层，它负责制定地方性的方针政策和进行省内范围内的宏观管理。地方各级政府保留了防治荒漠化协调小组或领导小组，来指导地方政府的荒漠化防治工作。县和乡级林业行政机关是微观层面对荒漠化治理进行管理的主体，市级林业行政机关属于中间管理层，起到衔接上下两级的作用。[②] 整个管理过程见图 3－3。

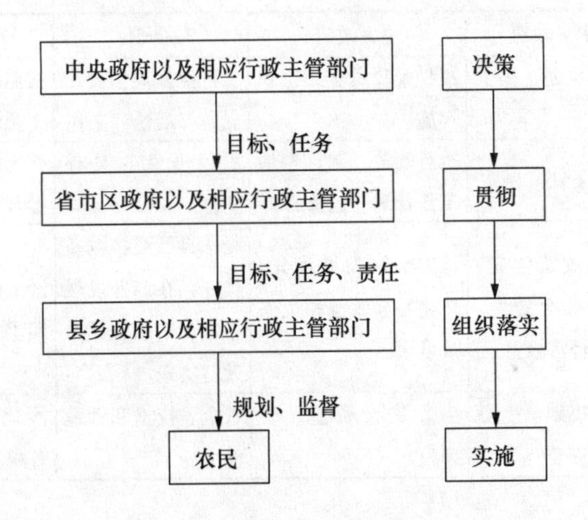

图 3－3　荒漠化治理的管理过程

二　影响因素分析

影响荒漠化治理的因素有很多，当地的经济发展水平、生态区位的重要性、从事荒漠化的比较收益、治理的难易程度、自然条件状况、当地政府的组织管理水平、市场发育水平、当地企业的实力水平在一定程度上都会影响荒漠化治理的模式和运行效率。

对荒漠化治理比较收益的大小，将是农户是否进行荒漠化治理的重要依据。当地市场发育程度的高低和生态区位也决定了政府对

---

① 乌日噶：《内蒙古荒漠化治理制度分析与市场化制度构建》，博士学位论文，中央民族大学，2013 年。

② 同上。

荒漠化治理参与组织和管理的程度。当市场发育比较成熟，政府可以充分利用政策通过市场的作用来推动荒漠化治理工程的开展；如果市场发育不完善，政府部门则应该更多地参与荒漠化治理工程。另外，当地的生态区位也决定了政府对荒漠化治理工程调节的程度，尤其是当处于较为重要的位置生态区位时，政府应该加大力度进行保护。

第三节　宁夏荒漠化治理的主要管理模式

荒漠化治理的管理模式要受到当地经济发展水平、生态区位、自然条件、政府的组织管理水平的影响。根据政府和市场的地位以及对工程参与程度的不同，可以将荒漠化治理的管理模式分为政府主导型、政府推动型、市场导向型三类。这几种模式的特点就是政府参与荒漠化治理的程度逐渐减弱，市场作用程度逐渐增强。荒漠化治理工程管理模式的设计如图 3－4 所示。

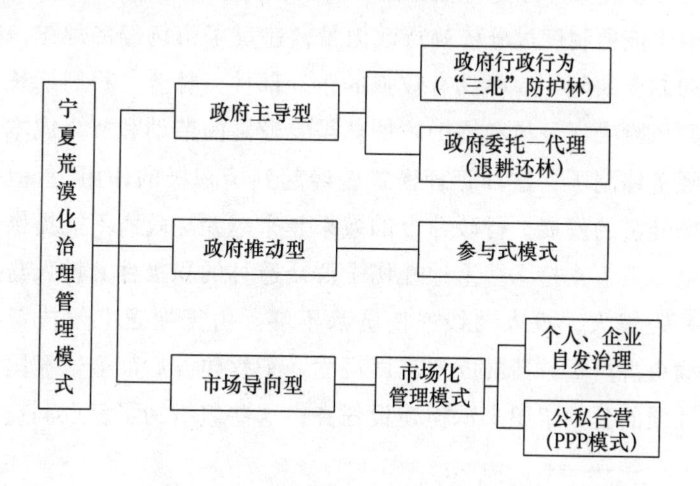

图 3－4　荒漠化治理工程管理模式

一　政府主导型

该模式下，政府是荒漠化治理工作的运行主体。尤其是实施一些大型生态工程的时候，必须由政府进行牵头。这种模式主要适用于生态环境脆弱、生态区位重要、荒漠化治理比较收益低、市场机制失灵的地区。在我国，政府在不同的生态建设工程中起到的作用是不同的。早期的“三北”防护林工程属于政府完全占主导地位的工程，这类工程完全强调政府的宏观干预行为，忽视对农户的经济利益引导；而退耕还林工程和国家森林生态补偿基金制度中，除了有政府宏观政策的干预，也强调了利益主体的引导。① 在“三北”防护林工程下，政府的强制主导地位更明显。

1. 以政府强制行政行为的驱动机制——“三北”防护林

当市场发育比较成熟，政府可以充分利用政策通过市场的作用来推动荒漠化治理工程的开展；如果市场发育不完善，政府部门则应该更多地参与荒漠化治理工程。在我国，“三北”防护林工程就是依照政府行政力量推动、国家进行宏观调控这种模式来进行运作的。②“三北”防护林工程启动于20世纪70年代，那个时候处于完全的计划经济时代，市场发育不完善。只有依靠政府的力量，自上而下的行政化命令手段才能推进工程的实施。

由于该项制度过分依赖行政力量，违反了市场经济规律，存在严重的制度缺陷。森林具有较强的正外部性，林业工程周期长、见效慢、风险大，种植和维护防护林需要较高的劳动和资金成本，在计划经济体制下，这种管理模式曾经起到了积极的作用。③ 但是随着市场经济的发展，行政命令的效果越来越差。政府不能提供优惠的资金、政策支持，严重地挫伤了群众造林的积极性。投入与实际需要差距极大，投入的钱连挖坑都不够。由于缺乏有效扶育和管护，病虫害严重，造林成果难以巩固。工程建设后期会依靠国家或集体性质的公共组织来承担建设任务，这些组织为了获取利益最大

① 乌日噶：《内蒙古荒漠化治理制度分析与市场化制度构建》，博士学位论文，中央民族大学，2013年。

② 李小云等：《生态补偿机制：市场与政府的作用》，社会科学文献出版社2007年版，第85—86页。

③ 同上。

化，会减少自己的造林成本，不能保证工程的质量。现在，这种过分依赖行政权力推进工程实施已经与现实不适应，需要新的模式来取代。

2. 政府委托—代理荒漠化治理——退耕还林制度

在退耕还林工程中，政府将自己的权利让渡一部分给农民。这种管理模式是政府主导、农民参与的方式。虽然农民参与，但只是一种被动式的参与方式。因此，退耕还林实质还是政府主导型荒漠化治理模式。退耕还林制度是通过委托—代理模式进行运作的。[①]中央政府通过委托协议的方式，将自己的环境管理权的一部分权限委托给地方政府，地方政府再按照行政层级制度逐层委托，最后在中央政府和省市县乡政府以及农户之间形成层层级别的委托代理链条。下一级接受上级的委托，并对上一级进行负责。[②] 以宁夏回族自治区为例，每年年初，自治区政府负责退耕还林工作的领导会和市的责任领导签订退耕还林责任书，明确今年的退耕还林目标和具体的退耕还林任务。上级政府再和下级政府、村委会和退耕农户之间分别签订目标书和任务书，这样确保退耕还林的最终顺利实施。在整个制度的实施过程中，各个部门应该责权明确、各司其职、各负其责。[③]

这种自上而下依靠行政推动的管理模式，在初期取得了较好的效果。但是这种层层监管的模式，需要较高的成本。在较长的利益主体链条中，可能存在退耕还林资金流动过程中的损失。而且在信息传递的过程中，当事人为了自身的利益有可能存在谎报数字、制造虚假业绩、相互勾结等行为。[④] 因此，这种政府主导型荒漠化治理模式存在多方利益主体、制度也不够健全，所以并不能完全提高

---

① 柯水发：《农户参与退耕还林行为理论与实证研究》，博士学位论文，北京林业大学，2007 年。

② 李春米：《中国退耕还林：一种制度体系创新》，博士学位论文，西北大学，2007 年。

③ 刘明远、郑奋田：《论政府包办型生态建设补偿机制的低效性成因及应对策略》，《生态经济》2006 年第 2 期。

④ 刘明远：《生态建设不应由政府包办》，《北方经济》2005 年第 6 期。

生产效率，实现资源的帕累托最优。因此，需要新的荒漠化治理模式修正该制度的缺陷。

二　政府推动型

参与式的发展方式作为一种全新的发展理念和方法，目前被普遍地运用在国际社会的发展、经济政策和大型的国际项目的合作之中。

（一）参与式管理的概念

参与式发展规划各利益主体共同协商和决定规划区内土地的利用模式，有利于土地使用者将自己的自身发展情况和专业技术人员提供的专业技术知识和管理知识相结合，互相协商，共同完成经济社会可持续发展的目标。在这一过程中，土地使用者具有自主决策权，可以将自己的主观能动性发挥到整个实施、管理、监测、评价和再规划、再实施的过程。参与式理论要求调动每个参与者的积极性。[①] 参与式管理的运作模式见图 3－5。

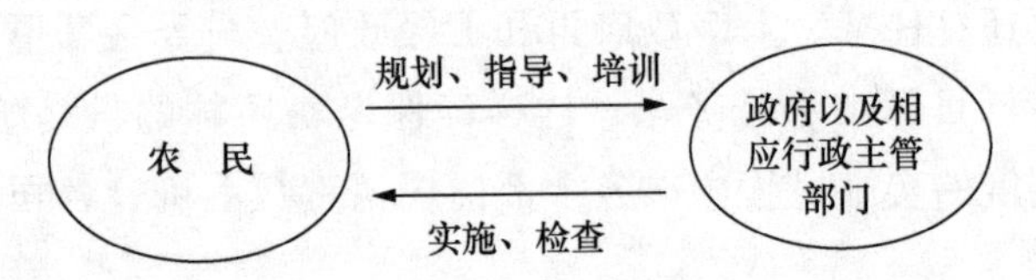

图 3－5　参与式管理模式

（二）案例分析：参与式管理方法在宁夏荒漠化治理中的运用

1996 年德援一期项目中首次提出了参与式发展的概念；在 2002 年德国 GTZ 的“中德技术合作宁夏荒漠化防治示范项目”中，运用了简单的参与式方法尝试规划和培训人员；2003 年在联合国全球机制无偿援助实施的“宁夏荒漠化土地综合治理示范项目”，首次在盐池县花马池镇曹泥洼村等地区实施了固定参与式土地利用规划方法；2008 年实施的“中德合作中国北方荒漠化综合治理宁夏项目”，参与式规划方法已作为该项目实施的一项最基本的要求而被普遍

① 刘志坚：《土地利用规划的公众参与研究》，博士学位论文，南京农业大学，2007 年。

应用。

“中德合作中国北方荒漠化综合治理宁夏项目”是由德国政府与中国政府合作的大型援华生态治理项目，也是德国政府援助宁夏的第二个生态建设项目。工程从 2009 年开始，到 2013 年结束。整个项目的总投资为 1.6 亿多元人民币，其中德国政府援助 950 万欧元（其中 700 万欧元赠款、250 万欧元软贷款），中方政府配套资金为人民币 7155 万元。该项目的目标是以减少宁夏土壤侵蚀和土地荒漠化为重点的生态综合治理项目。该项目的实施，有利于保护农田、提高森林覆盖率、防止水土流失。

（三）参与式管理的运行机制

参与式管理的真正内涵是要求每个参与者在整个过程中都有决策权的。尤其是让农民从项目设计、实施、管理、监测到评估的各个环节，都能有发言权和决策权。由于项目受益群体也有异质性。因此应该建立一套制度，保证不同的群体（尤其是弱势群体），能享有充分的发言权和决策权，以保障弱势群体在项目运行的各个周期都能充分参与。

宁夏德援项目参与式管理机制主要包括以下五个方面的内容：

1. 项目设计环节的公众参与机制

好的项目设计和编制年度实施计划是项目顺利进行的前提。所以，在项目文本设计和编制年度计划的过程中必须让项目主体参与。从山场规划、营造的林种树种、新品种的引进、示范基地的建立、技术措施均尽可能地同农民讨论，并协助农民改变一些不合理的旧习惯，实现多方参与的决策机制。项目技术人员通过召集村民会议、走访农户、踏勘山场等方式，与农民一起对项目小班、树种和经营管理机制进行协商，最终形成详细的图、表、卡等规划文件。项目设计过程中应该充分倾听各级项目管理机构特别是项目受益人的意见；应尽量安排各类农户代表参与，尤其要保障贫困户、少数民族、妇女的参与者人数；形成的决议应该交项目社区农户讨论，征求意见。为了让少数民族、妇女和贫困农户能行使自己的权利，在项目设计过程中应该让少数民族（尤其是回族）、妇女、贫困户等弱势群体参与进来，应建立参与式的信息交流和共享渠道。会议后，让各类农户代表把意见和想法集中进行讨论，并将好的建议吸纳进项目计划，选择出最能代表广大农牧民利益的方案。

2. 项目实施中的公众参与机制

在项目实施过程中也应建立起长效的参与机制，具体包括以下措施：

首先，在项目开始实施时，项目村应该在村两委（党支部和村委会）基础上，和部分村民代表共同组成“村级项目实施管理小组”（以下简称村项目小组），村民代表中要有妇女、少数民族和贫困农户的代表。村项目小组的职责是协助上级项目办实施村级的项目活动，包括召集项目会议、培训村民、向村民宣传项目目的和运行机制、征求项目户的建议，并对项目进行监督等。

其次，让农民进行参与式卫片制图。自然村工作小组成立以后，在规划技术人员的指导下，邀请村民一起进行参与式卫片制图。便于村民评估自然村的土地利用情况，确认地块进行荒漠化治理的模式，如草地封育（R1 模式）、草地可持续管理（R2 模式）、沙丘生态恢复（E2 模式）和生态封禁区（E1 模式）。

再次，在项目运行条件成熟的行政村成立荒漠化防治协会。由会员投票选举产生协会管理层，管理层必须经过参加会议 2/3 的人同意才能有效，管理层必须代表多数受益人的利益。荒漠化防治协会章程等要经过和村民的协商才能得到认可；并且和村民签订有关荒漠化治理的村规民约；协会的收支账目要定期向会员公布。

最后，通过民主制定村规民约及合同巩固荒漠化治理的后果。以经济为杠杆，促其行使法律、村规民约及合同赋予的权利，最后达到维护荒漠化治理效果。

3. 项目监测与评估参与机制

项目监测和评估是为了保证项目能顺利按照设计的方案实施。作为项目的直接参与者和受益人，项目农户参与项目的监测和评估，有助于及时发现问题并进行修正。下面这些措施可以保障受益农户更好地行使监督权：上一级的项目办应该定期向村民通报项目进度；在进行大型活动以前，项目办或村项目小组应征求参加者的意见；在项目实施过程中可以聘请若干项目户，对营造防护林成活情况、草方格扎设进度等活动进行日常监测。

4. 项目促进弱势群体参与的机制

发展项目的过程中应该建立机制帮助社区中的弱势群体。项目规划中应该对妇女、少数民族等弱势群体参与项目活动做出指导性规定，比如要求村项目小组和防沙治沙协会领导层中要有女性、少数民族和比较贫困者的代表；培训妇女的参与率应该达到50%；规定各社区要吸纳一定比例的贫困农户参与项目等，并将这些作为项目评估的重要指标。由于妇女和少数民族的文化水平普遍比较低，因此在项目实施过程中应该对他们定期进行专场培训。根据不同主体的需求，从教学内容、教学方法、语言等方面设计不同的方案，增强培训效果。

5. 信息交流和培训

在评估过程中，各级项目管理人员应该与参与的农民进行信息沟通和交流。对项目管理人员就回族优先、参与式发展理念、性别平等、社区工作方法（受益者需求调查等）和项目监测等方面进行培训。参与式管理制度的成功经验，为其他地区的荒漠化治理工作提供了借鉴意义。

三　市场导向型

当市场发育比较成熟，就可以通过市场的作用来推动荒漠化治理工程的开展。市场导向型就是在客观经济规律的指导下，利用资源，积极发挥市场的导向作用。在这种模式下，行政机关的职责是制定荒漠化治理的规划和政策，其参与荒漠化治理程度非常低。这种方式主要适合经济发展水平较高和企业实力较强的地区。由于该地区的企业和个人具备一定的经济实力，因此公司与农户，农户与市场会有较强的结合力；政府可以起到监督作用，防止交易双方的机会主义行为，进而稳定市场交易主体的契约关系。

现阶段，无论是政府主导型还是依靠单一企业进行运作的管理方式都存在一定的缺点，这样会直接影响生态工程的效果。在荒漠化治理中采用公私合营（PPP 模式），即公共部门和私人部门进行联合，政府与企业共同合作开发，共同享受荒漠化治理的效益、共同承担风险的方式。为了提高项目的公平性和公正性，可以引进第三方监督机构进行有效监督。[①] PPP 模式中三方合作关系如图3－6所示。

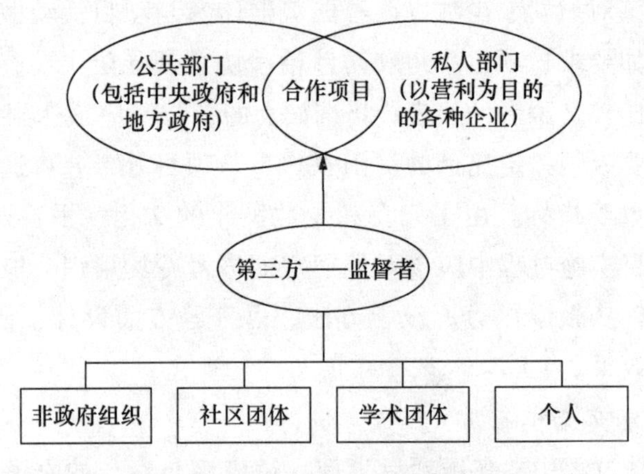

图3－6 PPP 模式中三方合作关系

这样我们可以构建下面的公私合营治理模式：

1. 政府与私人部门合作

政府可以采取招标制、合同制管理等方式，吸引一些有意向的企业参与到项目中；同时，政府也可以积极参与到由私人部门单独运营的荒漠产业，给予企业土地、税收、贷款等各个方面的优惠政策。[②] 宁夏有美利纸业、明威染化公司、香山酒业、中卫商氏集团和中卫石油宁夏石化公司等多家企业单位，完全可以和政府进行合作开发，共同进行荒漠化治理。

2. 政府与当地人民合作

宁夏存在许多治沙大户，可以积极利用这些资源，与他们进行合作，修复当地脆弱的生态环境。比如，宁夏有着白春兰和王有德

---

① 孟伟庆、李洪远、鞠美庭：《PPPUE 模式及在中国的应用前景探讨》，《环境保护科学》2005 年第 5 期。

② 苏扬：《政府治理模式研究——超越新公共管理》，《前沿》2007 年第 12 期。

这样的治沙英雄，有着良好的群众治沙的基础和经验。因此，可以积极和这些人开展合作，共同进行防沙治沙工作。

3. 政府与外资企业合作

在宁夏主要以德援项目“中德合作中国北方荒漠化综合治理宁夏项目”为主，通常是以无偿援助的方式进行的，如果采用PPP模式进行合作，会吸引更多的在荒漠产业建设方面有成功经验的外资企业，引进更多的资金、先进技术和管理理念。可以参照BOT模式（建设—运营—转让）进行合作，即通过签署合作协议的方式让外资企业在一定时期内保留经营权，等合同结束后，我国再拥有对项目的完全所有权。①

在这三种模式的运作过程中，都可以引进专业的治沙公司，治沙公司是独立于政府和企业以及个人的第三方主体。它可以自己丰富的经验和独立的地位，为这两者提供专业的指导和服务，提高治沙的效率和效益。因此构建以政府调控为核心，以农户和委托公司为第三方的市场化生态环境治理模式是必然的趋势。

四 三种荒漠化治理管理模式的比较

（一）三种模式的共同点

通过对上述三种荒漠化治理管理模式的研究，我们知道，这三种模式下，政府和市场都会进行参与，只是参与的方式和程度不一样。具体情况见表3－5。这三种治理模式有以下共同特点：

表3－5　　荒漠化治理管理模式比较

荒漠化治理管理模式	适用条件			政府参与程度
	荒漠化治理比较收益	生态区位重要程度	市场发育程度	
政府主导型	低	重要	低	高
政府推动型	一般	一般	一般	一般
市场导向型	高	低	高	低

① 孙楠、李洪远、鞠美庭、何兴东、郑巧：《应用PPP模式解决我国荒漠化问题探讨》，《中国水土保持》2007年第4期。

1. 政策牵引

荒漠化治理工程是一项具有外部性的生态工程，政府需要制定适宜的政策对项目进行公共管理。

2. 政府推动

宁夏荒漠化治理的地区一般经济发展都比较滞后、生态较为脆弱，市场的作用机制还不成熟。有时候还会出现市场失灵现象。政府作为荒漠化治理工程的管理主体，其职能主要包括制定宏观政策、协调各级政府和企业之间的利益关系，制定植被保护政策，引导、干预、约束企业、农户的外部不经济行为，发挥环境监督管理作用，推动或组织植被保护领域的基础设施建设等活动。

3. 公众参与

公共管理的最终受益者是农民。只有充分调动农民的积极性，才能最终取得良好的效益。在“三北”防护林工程和天然林保护工程实施过程中，虽然是典型的政府主导型模式，但还是离不开农民的积极配合。

4. 利益诱导

荒漠化治理模式的效率取决于有效的管理机制，在制度的设置中应该尊重人的基本利益需求，充分考虑参与主体的经济利益。建立充分的责任关系和契约关系，明确参与主体的责任和利益。

（二）三种模式的不同点

这三种模式的不同点可以总结为以下两点：

1. 政府发挥作用不同

在以上三种管理模式中，政府发挥的作用程度和方式是不同的。在政府主导型荒漠化治理方式下，政府参与程度最高。工程的实施主要是靠政府的强制驱动力来完成的，缺乏有效的利益驱动机制。在政府推动型管理模式下，政府的参与程度较高，政府主要对工程建设进行指导。在市场化荒漠化治理管理模式中，政府参与的程度最小，主要是依靠政策的引导，制定行业标准和监督农民实施工程。

2. 适用条件不同

三种管理模式下，如果是生态区位很重要，但是该地区的荒漠化治理收益和市场发育程度又比较低，那么就需要政府主导模式，依靠政府的力量来推动荒漠化治理工作。如果荒漠化治理比较收益较高，而且生态区位不是很重要，而该地区的市场发育程度又比较高的时候。这个时候政府只需要进行引导，在技术、市场、服务产权改革方面做好工作，让市场发挥更大的作用。

第四节　本章小结

本章介绍了宁夏的自然资源状况和社会经济情况，分析了宁夏荒漠化形成的原因。宁夏荒漠化是由自然条件和人类不合理的活动共同作用的后果，恶劣的自然环境和周边的沙漠环境是导致土地荒漠化的主要原因。

根据政府和市场对荒漠化治理工作参与程度的不同，将宁夏的荒漠化治理的管理模式分为三种类型，即政府主导型、政府推动型、市场导向型。本章分析了政府主导型的荒漠化治理制度内部运行机制和该制度的优势和缺点。"三北"防护林制度和退耕还林制度是典型的政府主导型的荒漠化治理模式，前者主要靠政府的强制驱动力实施，后者则是有农户被动参与的一种荒漠化治理模式。本章构建了以政府调控为核心，以农户和委托公司为第三方的市场化生态环境治理制度框架。通过发挥代理公司的作用，采用公私合营性质的荒漠化治理方式实现政府与农户生产的帕累托最优。

在三种管理模式中，政府发挥的作用程度和方式是不同的。在政府主导型荒漠化治理方式下，政府参与程度最高。工程的实施主要是靠政府的强制驱动力来完成的，缺乏有效的利益驱动机制。在政府推动型管理模式下，政府的参与程度较高，政府主要对工程建设进行指导。在市场化荒漠化治理管理模式中，政府参与的程度最小，主要是依靠政策的引导，制定行业标准和监督农民实施工程。

第四章　宁夏荒漠化治理对生态环境和社会经济的影响分析

新中国成立以来，宁夏回族自治区实施的荒漠化治理工程，使该地区的生态环境发生了根本性的改变。

第一节　生态环境影响分析

一　荒漠化面积减少

从20世纪50年代开始，宁夏在区内建立了一批国有林场，开展了荒漠化治理工程工作。1956年，中科院在沙坡头进行了荒漠化治理的研究工作。为保护当地铁路线免受沙漠掩埋，防御流沙对包兰铁路的侵袭，科研人员利用麦草、稻草、芦苇等材料，在铁路沿线的流动沙区上扎设方格状防护网，建成了一条宽500—600米，长16千米的带状沙障，有效地削减了风力，提高了沙层的含水量，提高了固沙植物的存活率。

1978年，国家将宁夏全境列入第一批“三北”防护林工程建设范围，充分说明了国家对宁夏荒漠化治理工程的重视。几十年来，通过实施“三北”防护林一期至四期工程，宁夏的林业生态体系和产业体系已经初步形成。正在进行的国家“三北”五期工程，宁夏22个县（区）在规划分区中分别被列入风沙区、西北荒漠区和黄土高原丘陵沟壑区。整个工程的建设过程中，以防沙治沙、改善沙区生态条件为目标，通过兴修水利、围栏封育、恢复植被，有效地进行了水土保持、涵养了水源。

从2000年开始，宁夏实施了退耕还林、山区小流域治理、山区基本农田建设、封山禁牧等一系列工程，这些工程的实施标志着宁夏的荒漠化治理工作进入了一个全新的阶段。宁夏在治理荒漠化过程中，根据不同地区的自然条件和地理环境的差异，实行差异化的治理方式。在北部的引黄灌区，实行农业综合开发工程；在中部沙区，加强了植树造林工作，营造了沙漠绿洲；南部山区，实行小流域综合治理工程，加大了农林牧综合治理。

表4－1　　1999—2009年荒漠化土地面积变动统计　　单位：公顷

年度	风蚀	水蚀	盐渍化	合计
1999	1519853.5	1656560.7	31214.8	3207629.0
2004	1369254.9	1542887.2	62332.3	2974474.4
2009	1345801.0	1489674.8	63289.2	2898765.0
2009年与1999年的差值	－174052.5	－166885.9	32074.4	－308864.0
2009年与2004年的差值	－23453.9	－53212.4	956.9	－75709.4

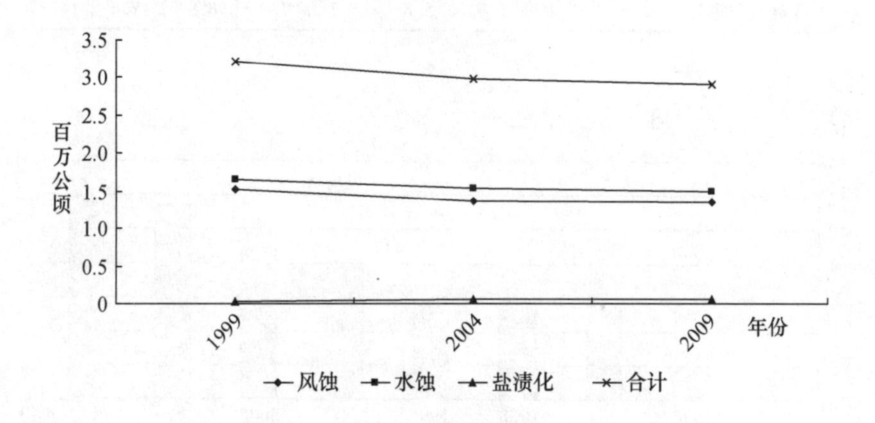

图4－1　1999—2009年荒漠化土地面积变化情况

通过表4－1和图4－1的数据可以看出，从1999年第一次荒漠化调查至今的十年间，荒漠化土地面积总体减少308864.0公顷，其中风蚀荒漠化土地减少 174052.5 公顷，水蚀荒漠化土地减少 166885.9 公顷，盐渍化荒漠化土地增加 32074.4 公顷。2009 年的荒漠化面积为 2898765.0 公顷，比 2004 年减少 75709.4 公顷。其中：(1) 从减少面积来看，五年间，风蚀荒漠化面积、水蚀荒漠化面积分别减少了 23453.9 公顷、53212.4 公顷；(2) 从减少幅度来看，风蚀荒漠化面积减少 1.7%，水蚀荒漠化面积减少 3.4%；(3) 从年平均减少面积来看，风蚀荒漠化每年平均减少 4690.8 公顷，水蚀荒漠化减少 10642.5 公顷。盐渍化荒漠化面积 5 年间的总增长面积和增长幅度分别为 956.9 公顷和 1.5%；年增长面积和增加幅度分别为 191.4 公顷和 0.3%。盐渍化主要分布在石嘴山市、吴忠市的部分地区范围内，5 年来，宁夏盐渍化面积增加 956.9 公顷，增长幅度为 1.5%，主要原因是农田水利设施不配套，设施老化，灌溉排水不畅，造成灌区外围土壤盐渍化增加。

表 4－2　　　　宁夏森林覆盖率　　　　单位：%

年份	1975	1978	1985	1990	1995	2000	2005	2010	2013
森林覆盖率	1.4	1.7	5.7	5.8	5.9	7.8	8.9	11.4	14.3

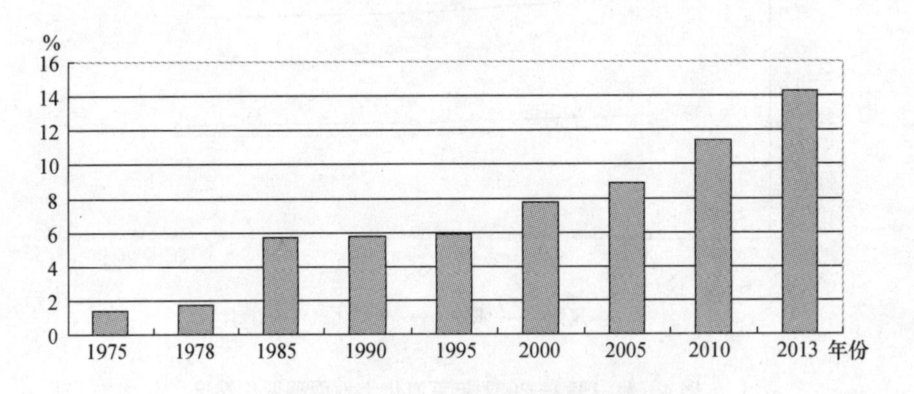

图 4－2　1975—2013 年宁夏森林覆盖率变化情况

由表 4－2 和图 4－2 可知，宁夏森林覆盖率逐年增加，这对生态环境的好转起了很重要的作用。

二　总体生态环境的改变

由于林业面积的增加，大气气候得到了调节，空气得到了净化，风沙日数（包括沙尘暴日数、扬沙日数、浮尘日数的天气）大幅度减少，由1975年的每年平均35天减少到2013年的平均每年的10天（见表4－3）。宁夏地区经过几十年的荒漠化治理，生态环境发生了很大变化，沙质荒漠化土地减少，小气候环境明显变好，风沙的危害得到了控制。植被的增加，使生物种类不断增多，保证了农业产量的增长。宁夏地区的整体生态环境向良性循环的方向发展。

表4－3　宁夏地区风沙日数变化　单位：天

年　份	1975	1978	1985	1990	1995	2000	2005	2010	2011	2013
平均风沙日数	35	30	24	22	19	17	15	13	10	10

三　森林固碳释氧的价值

在荒漠化治理过程中，森林的各项价值起着重要的作用。因此，在荒漠化治理效益评价中，一般会考虑到森林的各项生态价值。因此，本书衡量荒漠化治理生态效益时将森林的固碳释氧价值、涵养水源价值、保育土壤价值考虑进去。根据宁夏历年统计年鉴和相关林业资料，根据不同类型林木的生产力，计算出该地区森林固碳释氧的价值。[①] 下面几个公式中，如无特别说明，A为林分面积，P为林外降水量，E为林分蒸散量。

（1）采用碳税率法计算森林的年固碳量，计算公式为：

$$U_{碳}=A\cdot C_{碳}\cdot(0.4448\cdot B+G_{土壤碳})\qquad(4-1)$$

式中：$U_{碳}$为年固碳的总价值；$C_{碳}$为固碳的价格；B为林分的净生产力；$G_{土壤碳}$为年固碳速率。0.4448为推导出来的碳的系数（孙颖、王得祥、张浩等，2009）。

（2）计算释氧价值的公式为：

① 孙颖、王得祥、张浩、李志刚、魏耀锋、胡天华：《宁夏森林生态系统服务功能的价值研究》，《西北农林科技大学学报》（自然科学版）2009年第12期。

$$U_{氧}=1.19 \cdot C_{氧} \cdot A \cdot B \qquad (4-2)$$

式中：$U_{氧}$为总价值；$C_{氧}$为制造氧气价格；B为林分净生产力（孙颖、王得祥、张浩等，2009）。其具体结果如表4-4所示。

四　森林涵养水源的价值

森林凭借自身的树冠和根系可以吸收、存储水分，达到蓄水保水的作用。该功能包括调节水量和净化水质两方面。

1. 调节水量的价值

选择水库蓄水成本来确定这部分价值：

$$U_{调}=10 \cdot C_{库} \cdot A \cdot (P-E-C) \qquad (4-3)$$

式中：$U_{调}$为森林调节水量价值；$C_{库}$为水库工程费用；C为地表径流（王兵、鲁绍伟，2009）。

2. 净化水质的价值

该部分计算公式为：

$$U_{水质}=10 \cdot K_{水} \cdot A \cdot (P-E-C) \qquad (4-4)$$

式中：$U_{水质}$为净化水质价值；$K_{水}$为居民用水价格；C为地表径流（王兵、鲁绍伟，2009）。结果如表4-4所示。

五　森林保育土壤的价值

森林减少了水土流失、保障了土壤的稳固性和肥料的有效性。

1. 森林固土功能的价值

我国土壤侵蚀的泥沙有24%淤积于江河，固土价值的计算公式为：

$$U_{淤}=0.0024 \cdot A \cdot C_{库} \cdot (X_2-X_1)/Q \qquad (4-5)$$

式中：$U_{淤}$为固土总价值；$C_{库}$为水库工程费用；X_1、X_2分别为林地和非林地土壤侵蚀模数；Q为泥沙的平均容重（王兵、鲁绍伟，2009）。

2. 森林保肥功能的价值

森林保肥功能价值的计算公式为：

$$U_{肥}=A \cdot (X_2-X_1) \cdot (N \cdot C_1/R_1+P \cdot C_1/R_2+K \cdot C_2/R_3+M \cdot C_3)/100 \qquad (4-6)$$

式中：$U_{肥}$为森林保肥功能的价值；N、P、K分别为土壤平均含氮、含磷、含钾量；M 为土壤有机质平均含量；R_1、R_2 为磷酸二铵含氮和含磷量；R_3 为氯化钾含钾量；C_1、C_2、C_3 分别为磷酸二铵、氯化钾和有机质平均价格[①]（王兵、鲁绍伟，2009）。结果如表 4 - 4 所示。

表 4 - 4　　　　生态效益原始值

年份	固碳价值（万元）	释氧价值（万元）	调节水量价值（万元）	净化水质价值（万元）	固土价值（万元）	保肥价值（万元）
1975	400200	325144	162380	187808	200384	369220
1978	400920	328212	164172	194744	202720	385560
1985	461224	385048	196996	198156	276632	399720
1990	462844	386524	199392	201796	278876	402072
1995	463052	391412	201808	204160	280688	402572
2000	488364	412676	208040	220960	285844	409316
2001	491228	414048	214164	231472	286868	410280
2002	511924	419768	218720	238096	288428	412104
2003	514608	421080	224020	247472	289152	412348
2004	540912	479624	267624	257204	312524	419528
2005	550412	480912	278004	251236	321012	429412
2006	552228	485360	279356	256880	328628	431292
2007	556220	491736	279988	270588	344620	432120
2008	558252	492520	282776	278604	346596	435252
2009	558392	496496	304916	283892	347028	435620
2010	553968	492644	308540	293680	350500	435840
2011	555916	502260	314944	293976	352348	436604
2012	556364	505076	315244	295156	352700	436876
2013	556648	505416	315224	297168	354628	436892

从表 4 - 4 可以看出，从 1975 年到 2013 年，固碳价值从

① 王兵、鲁绍伟：《中国经济林生态系统服务价值评估》，《应用生态学报》2009 年第 2 期。

400200万元增加到556648万元，增长了39.1%；释氧价值从325144万元增加到505416万元，增长了55.4%；调节水量价值从162380万元增加到315224万元，增长了94.1%；净化水质价值从187808万元增加到297168万元，增长了58.2%；固土价值从200384万元增加到354628万元，增长了77.0%；保肥价值从369220万元增加到436892万元，增长了18.3%。各项生态价值较荒漠化治理以前，均有了较大幅度的提高。

第二节　社会经济影响分析

一　对农民耕地面积的影响

荒漠化治理工程，尤其是退耕还林工程对农民的耕地资源有较大的影响。但是，由于农户所处的地理位置和行政区域的不同，不同地区的人均占有耕地面积减少趋势不同。由表4－5可知，盐池县由于自然资源差，降水少，所以许多条件不好的土地实行了退耕还林或者还草，因此，人均耕地减少较多；平罗县耕地资源的条件比较好，农民对耕地的依赖程度小，因此退耕还林对该地区耕地面积影响不大；中宁县的人均占有耕地和可以用来退耕的耕地面积都是三个县中最少的，所以该政策实施前后，对于该地区农户的影响较小。通过比较，退耕还林政策和农民的耕地资源之间存在一种负向关系，该政策对于山地多、自然资源差的乡村影响会更大一些。

表4－5　宁夏不同地区荒漠化治理工程实施前后耕地面积变化情况

项　目		盐池县	平罗县	中宁县
人均占有耕地面积量（亩/人）	工程实施前	4.5	3.8	3.0
	工程实施后	2.5	2.8	2.2
	人均耕地面积变化率（%）	－44.44	－26.32	－26.67

注：根据实际调查数据整理而得。

二　对农业综合生产力的影响

各种生产要素的配置投入形成农业综合生产力，荒漠化治理工程优化了农村产业结构，修复了脆弱的生态环境，提高了人们的生活质量。但是荒漠化治理工程尤其是退耕还林工程，减少了耕地面积。耕地面积减少会不会影响宁夏的农业综合生产力，以及在多大程度上影响农业综合生产力，一直是人们关注的焦点。

（一）理论模型

选择柯布—道格拉斯生产函数作为分析模型，研究了农业生产中各个投入要素的贡献率，研究了荒漠化治理前后各个要素的生产弹性系数的变化情况[①]（范克钧、李永平、王秀琴等，2010）。建立如下的表达式：

$$Y = AL^{\alpha}K^{\beta} \tag{4-7}$$

式中：Y 表示产量；A 是常数项，通常代表技术进步水平；L 是劳动变量；α、β 分别代表劳动投入 L 和资本投入 K 的生产弹性，通常假定 $\alpha+\beta=1$，即假定规模报酬不变。为了衡量荒漠化治理工程对农业生产总值的影响，引入虚拟时间变量 P，并定义 1978 年及以前的 $P=0$，1978 年之后，定义 $P=1$。根据上述分析，建立如下的生产函数：

$$\text{Ln}Y = C + A_1 \times \text{Ln}X_1 + A_2 \times \text{Ln}X_2 + A_3 \times \text{Ln}X_3 + A_4 \times \text{Ln}X_4 + A_5 \times \text{Ln}X_5 + A_6 \times P + \varepsilon \tag{4-8}$$

式中：Y 为农业总产值；X_1 为农业劳动力（万人）；X_2 为农作物播种总面积（千公顷）；X_3 为化肥投入量（万吨）；X_4 为农机总动力（万千瓦）；X_5 为农业生产投资（万元）；P 为反映荒漠化治理工程影响的时间虚变量；ε 为残差；A_1、A_2、A_3、A_4、A_5、A_6 为待估参数，分别表示农业劳动力、农作物播种总面积、化肥投入量、农业机械总动力、农业生产投资、荒漠化治理工程的生产弹性[②]（范克钧、李永平、王秀琴等，2010）。

---

① 范克钧、李永平、王秀琴等：《大六盘生态经济圈对固原市农业综合生产力要素作用分析》，《宁夏农林科技》2010 年第 1 期。

② 同上。

（二）结果分析

1. 不考虑实施荒漠化治理的农业综合生产力分析

在不考虑荒漠化治理影响的条件下，运用广义差分法对数据进行回归分析（见表4-6）。通过多重共线性的检验，五个解释变量之间存在相关性，运用逐步回归分析法消除两个多重共线性解释变量X_4、X_5后，其农业劳动力X_1、农作物播种总面积X_2和化肥投入量X_3显著性的程度均较高，F检验合格，其化计量经济检验也合格，模型的拟合优度高，且三个解释变量之间不再存在相关性，符合经济意义。

表4-6　　不考虑荒漠化治理影响条件下的回归分析

变量	系数折算率	标准误差	T检验	概率
C	16.078	8.107	1.983	0.056
LnX_1	0.830	0.116	7.172	0.0000
LnX_2	3.530	0.785	4.497	0.0000
LnX_3	0.102	0.051	2.005	0.052
相关系数	0.98	调整后相关系数	0.977	

由此可以得到宁夏回族自治区农业综合生产能力模型的表达式：

$$LnY = -12.296 + 0.728LnX_1 + 3.442LnX_2 + 0.109LnX_3 \quad (4-9)$$

模型的判定系数为0.98，它表示宁夏回族自治区农业总产值变化的98%是由农业劳动力、农作物播种总面积、化肥投入量引起的。这表明模型的设定是合理并且可靠的。

模型的三个要素的生产弹性值的和为4.279，大于1，说明该地区的农业处于生产缓慢递增、资源短缺阶段，生产要素投入不能满足生产发展需要。农业总投入增长1%，可使农业总产值产出增长4.279%。从各分项要素来分析，模型中A_1、A_2、A_3的生产弹性系数分别是0.728、3.442、0.109；表明在其他条件不变的情况下，在没有实施荒漠化治理工程以前，在这三个弹性系数中，农作物播种总面积的弹性系数最大，占生产弹性值的总和的80.44%。增加播种面积是提高农业生产总值的制约性最强的因素，农作物播种面积每增加1%，则农业总产值增加3.442%。农业劳动力的生产弹性系数为0.728，对粮食产量的影响程度仅次于劳动投入的17.01%，农业劳动力每扩大1%，就可导致农业总产值增长0.728%。化肥投入量对农业总产值影响的重要性位于第三，占2.5%，生产弹性系数为0.109。

2. 考虑荒漠化治理影响的农业综合生产能力分析

在考虑荒漠化治理影响的条件下，运用广义差分法对数据进行回归分析（见表4－7）。通过多重共线性计量检验，运用逐步回归分析法消除多重共线性解释变量 X_4、X_5 后，其农业劳动力 X_1、农作物播种总面积 X_2 和化肥投入量 X_3 显著性的程度较高，F 检验合格，其他计量经济检验也合格，方程拟合优度高。并且这三个解释变量之间不再存在相关性，影响农业总产值的各因素的弹性系数发生较大变化。

在考虑荒漠化治理工程情况下运用 OLS 法进行回归计算，得到的具体结果见表4－7。

表4－7　考虑荒漠化治理影响条件下的回归分析

变量	系数折算率	标准误差	T 检验	概率
C	9.744	8.091	1.441	0.0662
$\mathrm{Ln}X_1$	0.725	0.138	5.270	0.0000
$\mathrm{Ln}X_2$	4.002	0.848	4.717	0.0000
$\mathrm{Ln}X_3$	0.112	0.051	2.207	0.034
P	0.396	0.288	1.375	0.177
相关系数	0.981	调整后相关系数	0.978	

通过多重非线性计量检验，五个变量之间存在相关性，采用逐步回归分析法消除多重共线性解释变量后，得到表达式为：

$$\mathrm{Ln}Y = -14.427 + 0.649\mathrm{Ln}X_1 + 4.081\mathrm{Ln}X_2 + 0.118\mathrm{Ln}X_3 + 0.247\mathrm{Ln}P \qquad (4-10)$$

可以看出在引入荒漠化治理这个政策虚拟变量后，影响农业总产值的各因素的弹性系数发生了很大的变化：

（1）农业劳动力投入的弹性系数从0.728下降为0.649，减少了0.079，这说明了宁夏回族自治区自实行荒漠化治理工程以后，大批青壮年劳动力转移出去以后，农业生产主要依靠中老年劳动力，劳动力生产效率降低。

（2）土地的生产弹性系数从3.442上升为4.081，增加了0.639，即每增加1%的土地投入，在荒漠化治理前后使农业生产总值增长分别为3.442%和4.081%。农业总产值提高主要有以下两个方面的原因：一是荒漠化治理工程对土壤环境以及地表环境的改善；二是大量不宜耕种土地退出了农业生产，这在一定程度上也提高了土地的生产弹性。

（3）化肥投入量的生产弹性系数从0.109上升为0.118，增加了0.009，化肥的使用效率得到了提高。

（4）荒漠化治理政策自身对于农业生产总值的贡献度为0.247，意味着仅采取荒漠化治理工程，宁夏回族自治区的农业生产总值可提高0.247%，所以，荒漠化治理政策对宁夏农业生产总值的提高有着显著影响。

三　对农户农业生产效率的影响分析

提高农业生产效益是保持荒漠化治理工程效果的重要途径。如何提高农业生产效益，不能仅仅依靠政府给予的粮食补贴和资金补贴，而是应该提高农业生产投入和产出的效率。[①] 荒漠化治理工程对农业生产效率有无影响，有多大程度的影响，是我们应该研究的问题。由于对农户影响最大的荒漠化治理工程就是退耕还林工程，所以这一部分，主要考察退耕还林工程对农户农业生产效率的影响。[②]

---

① 汤建影、周德群：《基于DEA模型的矿业城市经济发展效率评价》，《煤炭学报》2003年第4期。

② 曹彤、郭亚军、周丹、冯烈：《退耕还林对志丹县农业生产效率的影响——基于乡镇视角》，《林业经济》2014年第5期。

（一）研究方法

研究采用数据包络分析（DEA）方法研究了退耕前（1999 年）和退耕后（2005 年、2013 年）该地区农业投入产出的变化情况。数据包络分析方法是利用线性规划的方法，对多项投入指标和多项产出指标进行有效评价的数理方法。综合技术效率（*TECRS*）是由技术效率（*TEVRS*）和规模效率（*SE*）两部分组成。

$$TECRS = TEVRS \times SE \qquad (4-11)$$

根据式（4－11），可以计算出农户在工程实施前后的农业生产效率。其中，产出指标为农作物产量。投入指标包含以下几项：劳动力人数、化肥施用量、农药用量、地膜使用量、种子使用量。

（二）样本农户投入与产出的统计特征

通过对实地抽样调研的有效农户数据进行统计，统计特征包括有效农户投入和产出的平均值、最大值、最小值，从表4－8可以看出所选择的样本农户基本上为小农户或边际农户。

表4－8　　宁夏回族自治区1999年、2005年和2013年样本农户种植业统计　　单位：公斤/户、个/户

年度	变量	户均粮食总产量	户均劳动力人数	户均化肥施用量	户均农药用量	户均地膜使用量	户均种子使用量
1999	平均值	1816	3	1238	0.55	3.8	8
	最大值	12520	8	5620	25	30	85
	最小值	50	1	0.01	0.01	0.01	2
2005	平均值	1534	2	865	0.9	5	18
	最大值	15315	6	4335	32	50	98
	最小值	65	1	0.01	0.01	0.1	3
2013	平均值	1612	2	752	1.1	7	26
	最大值	13650	5	1265	36	58	105
	最小值	0	1	0	0	0.1	2

注：根据实际调查数据整理而得。

从表4－8可以看出，因为退耕后户均耕地面积减少，2005 年

的户均粮食总产量要比退耕前1999年的低15.5%。到了2013年，虽然耕地面积要比1999年的少，但是由于农业技术的提高和种子等生产资料的大面积使用，所以虽然户均粮食总产量比退耕以前的要低11.23%，但是却比2005年有所提高。

随着退耕还林政策的实施，该地区的经营方式实现了从粗放经营向精耕细作的经营方式转变：再也不仅仅依靠广种薄收来提高农业生产力，而更多地依靠农业现代化要素的投入。这一阶段，农药、地膜、种子的使用量均呈增长趋势：农药的使用量2005年比1999年增长了63.6%，2013年比2005年增长了22.22%；地膜的使用量2005年比1999年增长了31.6%，2013年比2005年增长了40%；种子的使用量2005年比1999年增长了125%，2013年比2005年增长了44.44%。在生产要素中，减少的是户均化肥的施用量。户均化肥的施用量2005年比退耕前的1999年施用量减少了30.13%，2013年比2005年减少了13.06%。过多地使用化肥会使土壤出现板结现象，所以应该限制化肥的使用量。户均劳动力人数也减少，2005年和2013年均比1999年减少了33.33%。这说明，随着退耕还林政策的实施，土地面积减少，农村剩余劳动力逐渐由传统的种植业向其他产业转移。

（三）荒漠化治理前后农户农业生产效率分析

运用DEA模型，对样本农户的农业生产规模效益、技术效率、综合技术效率进行研究，可以得到下面的结论：

1. 规模收益总体处于递增阶段

将农户1999年、2005年和2013年的有关数据代入DEA模型，运用DEAP 2.1软件，计算出农户的综合效率。根据DEA模型分析得出（见表4-9），1999年到2013年，绝大多数农户的农业生产规模收益均处于规模收益递增阶段。1999年规模递增农户为86.5%，2005年上升为93.62%。与2005年相比，2013年规模递增农户所占比重略有下降，为91.55%，但是仍然高于工程实施前1999年的86.5%。处于规模收益不变阶段农户的比重呈现不规则变化情况：1999年为4.52%，2005年为2.13%，到2013年所占比重约为4.6%。处于规模收益递减阶段的农户比重呈下降趋势：1999年为8.98%，2005年降到4.25%，2013年为3.85%。

表4-9　　不同阶段生产规模农户比重统计　　单位:%

年份	规模递增	规模不变	规模递减
1999	86.5	4.52	8.98
2005	93.62	2.13	4.25
2013	91.55	4.6	3.85

注：数据来源于调研农户。

2. 技术效率呈增长趋势，规模效率先升后降

根据图4-3可知，从1999—2013年，退耕农户的农业生产技术效率逐步提高，综合技术效率也呈逐年增长趋势。规模效率则出现先增长后下降的趋势。1999—2005年呈上升趋势，2005—2013年规模效率出现一定的下降趋势。

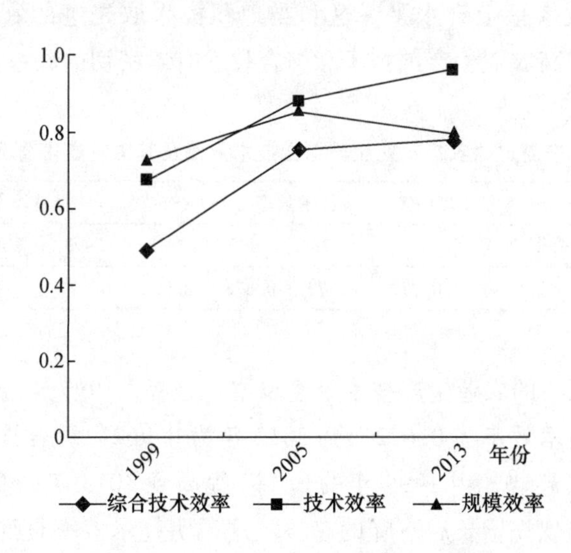

图4-3　宁夏农户农业生产综合技术效率及其构成的变化趋势

这一阶段，宁夏农户的技术效率保持了较快的增长趋势，规模

效率则出现波动性的趋势。

3. 综合效率和技术效率都呈稳步增长趋势

由图4－3可以看出，农户的农业技术效率和综合技术效率均呈增长趋势，技术效率指数高于综合效率指数。表明在退耕还林政策实施后，农民改变了以往依靠广种薄收的种植观念，而积极利用增施化肥、采用良种、地膜等新技术，这些措施极大地提高了农业生产技术效率，进而提高了单位面积的产出量。

4. 综合效率提高

表4－10为宁夏回族自治区农户在荒漠化治理不同阶段的综合技术效率、技术效率和规模效率。2005年的规模效率比1999年提高了17.66%，2013年略有下降；2005年的技术效率比1999年提高了30.65%，2013年比2005年提高了9.57%；农业生产的综合技术效率2005年比1999年提高了53.80%，2013年比2005年提高了3.07%。2005年到2013年，宁夏回族自治区退耕农户的规模效率略有降低，但这一期间技术效率的大幅提高推动了农户农业生产综合技术效率呈上升水平。这和当地积极采取先进的农业生产技术、积极提高农业生产纯技术和综合技术有着密切的联系。

表4－10　宁夏退耕农户农业生产综合技术效率及其构成变化情况表

	综合技术效率（*TECRS*）			技术效率（*TEVRS*）			规模效率（*SE*）		
年份	1999	2005	2013	1999	2005	2013	1999	2005	2013
	0.487	0.749	0.772	0.672	0.878	0.962	0.725	0.853	0.802

退耕农户的农业生产技术呈逐步增长趋势，1999年退耕农户的农业生产技术效率为0.672，到2013年为0.962。综合技术效率也呈逐年增长趋势，由1999年的0.487提高到2013年的0.772。规模效率则出现先增长后下降的趋势。这说明技术效率是推动综合效率增长的重要因素，规模效率对综合效率存在消极影响。

（四）提高农业生产效率的方法

判断农业生产效率的重要标准是看系统的投入和产出情况，如果这两者存在松弛量，就证明该系统中存在着投入量的浪费和产出量的不足。松弛量的值越高，说明生产资料的浪费越多，实际产量距离最优产量的目标值差距越大。表4－11给出了农户在1999年、2005年及2013年的产出松弛和投入松弛分析结果。

表4－11　宁夏农户退耕前后投入产出松弛均值

年份	产出	投入					
	粮食产量（公斤）	耕地面积（公顷）	劳动力人数（个）	化肥施用量（公斤）	农药施用量（公斤）	地膜使用量（公斤）	种子使用量（公斤）
1999	326	0.32	0.48	340.65	0.12	1.3	2
2005	152	0.17	0.16	105.2	0.1	1.4	4
2013	102	0.16	0.15	83.6	0.08	1.6	5

资料来源：根据实际调查数据整理而得。

1. 产出松弛分析

从表4－11可以看出来，退耕前和退耕后宁夏农作物的产出都没有达到最优的产量，两个阶段都存在非零松弛量。1999年、2005年、2013年的产出松弛的均值分别为326公斤、152公斤和102公斤。为了弥补因为退耕减少的土地的不足，该地区的农民积极采用农业生产技术，转变经营方式，调整投入结构，优化农业综合生产效率，降低了产出的松弛度。由于一些自然条件比较差的耕地最终转化为林地，留下来的土地属于自然条件比较好的土地，这也是产出松弛减少的一个原因。经过实施退耕还林政策，各种要素之间的配置更加合理。

2. 投入松弛分析

该地区的投入也存在一定的松弛，根据数据显示，2013年劳动力、化肥、农药的施用量、种子和地膜的使用量的投入都存在一定的浪费（见表4－11和表4－12）。

（1）1999年、2005年和2013年劳动力投入松弛量的均值分别为0.48、0.16和0.15。随着农业劳动力从种植业向其他产业转移后，劳动力的冗余度有了明显的降低。

表 4－12　　宁夏农户农业生产资源投入利用情况　　单位：公斤/户

年份	化肥			地膜			农药			种子		
	投入值	冗余值	利用率	投入值	冗余值	利用率	投入值	冗余值	利用率	投入值	冗余值	利用率
1999	1238	340.65	72.48%	3.8	1.3	65.79%	0.55	0.12	78.18%	8	2	75%
2005	865	105.2	87.84%	5	1.4	72%	0.9	0.1	88.89%	18	4	77.78%
2013	752	83.6	88.9%	7	1.6	77.14%	1.1	0.08	92.72%	26	5	80.77%

（2）1999 年耕地面积的松弛量为 0.32 公顷，2005 年和 2013 年耕地面积的松弛量分别为 0.17 公顷和 0.16 公顷。退耕之前未充分利用的耕地面积远远大于退耕之后的闲置部分。退耕后耕地投入冗余量减少，耕地得到了更加有效的利用。

（3）1999 年户均化肥使用量的松弛量为 340.65 公斤，2005 年和 2013 年化肥使用量的松弛量分别为 105.2 公斤和 83.6 公斤。1999 年化肥的有效利用率为 72.48%，2005 年和 2013 年退耕后化肥的有效利用率分别为 87.84% 和 88.9%。使用过量化肥会造成土壤板结、使土壤环境恶化，对环境造成负面影响。因此不是使用化肥量越多越好，而是应该提高利用的效率。退耕还林后，户均施用化肥的数量减少了，但是利用效率却提高了。

（4）1999 年、2005 年和 2013 年农药使用量的松弛量分别为 0.12、0.1 和 0.08。农药利用率 2005 年、2013 年比 1999 年分别提高了 10.71% 和 14.54%。地膜有效利用率 2005 年、2013 年比 1999 年分别提高了 6.21% 和 11.35%。种子利用率 2005 年、2013 年比 1999 年分别提高了 2.78% 和 5.77%。这几项生产投入的冗余量均比退耕前有所提高，但是也没有实现完全利用。因此，以后应该充分合理利用投入的农用物资，提高农业生产效率。

从以上分析我们可以得到下面的结论：退耕后的投入松弛量和产出松弛量都呈减少趋势。退耕后劳动力、化肥、农药的施用量、种子和地膜的使用量等农业生产资源投入呈减少趋势，这说明随着先进技术的使用和新的耕作方式的使用，农业资源利用水平得到了提高，农业生产要素配置趋于合理，产出不足的现象也逐步得到了改善。

四　对农户收入和收入结构的影响

（一）对农户收入的影响

荒漠化治理应该切实提高农户的生产生活水平，只有这样才能得到农户的支持。人均纯收入是反映农民生活水平和生态工程效益提高的重要指标。[①] 荒漠化治理过程中农民的收入来源主要有两部分：一是国家给予的补贴和减免的税费的直接收入；二是由于工程的实施而导致的生产方式的改变所带来的间接收益，如劳动力外出务工所带来的收益的增加等。

通过对276户样本农户的调查显示，有83.70%的农户认为实施工程后收入是增加的，大多数农户认为荒漠化治理工程提高了自己的生活水平，有7.24%的农户认为收入是减少的，9.06%的农户认为收入变化不大（见表4－13）。

表4－13　荒漠化治理工程实施前后农户家庭收入的变化

项　目	收入增加	收入减少	没有影响	合计
随机调查的样本农户数	231	20	25	276
占调查农户比例（%）	83.70	7.24	9.06	100

资料来源：根据实际调查数据整理而得。

根据调查结果，认为生态工程实施后收入减少的大多数为从事畜牧业的农户。而且主要集中在盐池县，这是因为封山禁牧政策使这些养殖户的养殖规模有了较大幅度的减少。但相信这部分农户肯定会适应这种变化，通过其他方式找到新的增收方式。工程实施前，农民多以种植业和畜牧业为主，经济来源依靠卖粮食和卖畜牧品，收入方式单一并且不稳定。实行工程后，虽然农民在种植业方面多获得的收入会减少。但是，国家的补偿款弥补了农民的损失。

① 李卫忠、吴付英、吴总凯等：《退耕还林对农户经济影响的分析——以陕西省吴起县为例》，《西北林学院学报》2007年第22期。

耕地的减少使农村的一部分剩余劳动力（尤其是青壮年劳动力）从种植业中解放出来，很多人从事了外出打工活动，在这种情况下，农民的人均纯收入得到明显增加。由表 4－14 可知，在 3 个县中，盐池县的经济较为滞后。平罗地区由于很多农村生产力转移出去打工，所以收入实现了稳定增长。而中宁县有着特色农业，所以该地区的农民收入也比较可观。

表 4－14　荒漠化治理工程实施前后农民人均收入变化情况

单位：元/人

项目		盐池县	平罗县	中宁县
农业人均收入	工程实施前	1025	1350	1120
	工程实施后	1125	1520	1300
	变化量	100	170	180
非农业人均收入	工程实施前	1325	2270	2020
	工程实施后	1585	3300	2940
	变化量	260	1030	720
人均总收入	工程实施前	2350	3620	3140
	工程实施后	2710	4820	4240
	变化量	360	1200	1100

资料来源：根据实际调查数据整理而得。

（二）对农户收入结构的影响

工程实施前，农户收入主要以种植业为主，工程实施后，这一单一的收入结构形式实现了向多元化的收入形式的转变，如表 4－15 所示。在工程实施前，种植业收入在家庭的收入中占主导地位，占到总收入的 31.5%；工程实施后，耕地的减少解放了更多的劳动力，使剩余劳动力向其他产业转移，打工收入成为农户收入增加的主要增长点，占家庭人均收入的 41.4%。随着工程实施后，农户调整了种植结构，使林果业和副业也都有了小幅度的增长。而种植业的比重有所下降，从先前的 31.5% 下降到 9.5%。因此，在以后，还要关注农民的粮食安全问题。因为受退耕还林还草的实施和禁牧政策的影响，畜牧业的收入有所下降。农民收入增加的原因在于外出务工收入的增加和国家补助，这些增加的收入抵消了种植业收入的下降。由于农民的打工收入具有不稳定性，因此应该注重对农民进行技术的培训，使其掌握一技之长。可见，在以后的工作中，应积极地调整产业结构，发展特色农业，积极扩大农村剩余劳动力转移。提早防止万一国家补助款停发，农民出现复垦现象的发生。

表 4-15　农户工程实施前后各项收入变化情况

项　目		种植业	林果业	牧业	副业	打工	退耕补助	合计
工程实施前	人均收入（元）	620	380	246	238	485	0	1969
	所占比例（%）	31.5	19.3	12.5	12.1	24.6	0	100
工程实施后	人均收入（元）	368	635	190	892	1600	180	3865
	所占比例（%）	9.5	16.4	4.9	23.1	41.4	4.7	100
工程实施前后收入变化（元）		-252	55	-56	54	500	180	481
在变化收入中的贡献率（%）		-43.4	9.5	-9.6	9.3	86.1	31	—

资料来源：根据实际调查数据整理而得。

五　对农户消费结构的影响

随着农民收入的增加，消费水平也有所提高，证明农民的生活水平得到了提高。

农户的收入在荒漠化治理后有所提高，但是消费支出也增加。这说明了工程实施后，农户的生活水平普遍有所提高。下面对各项指标进行分析，具体结果见表 4-16。

表 4-16　宁夏荒漠化治理工程实施前后消费性支出结构变化情况

项　目		食品	衣着	居住	医疗	教育	通信	其他	合计
工程实施前	金额（元）	720	58	108	78.8	106.5	20.2	30.2	1121.7
	比重（%）	64.2	5.2	9.6	7	9.4	1.8	2.8	100
工程实施后	金额（元）	850	96	152	152	268	41	52	1611
	比重（%）	52.8	6	9.4	9.4	16.6	2.5	3.3	100

资料来源：根据实际调查数据整理而得。

1. 食品消费支出

工程实施后，粮食消费金额有所增加，但在整个消费总支出中占的比重下降。农户家庭的恩格尔系数减少，由工程实施前的64.2%下降到2013年的52.8%，表明工程实施提高了农户的生活水平。

2. 衣着支出

该方面的支出在工程实施后有小幅度增加，但增幅不大。说明农户对衣着的消费还仅仅出于对基本生活的需要。

3. 居住支出

居住支出的费用也不高。农民自己维修房子的费用不高。

4. 医疗支出

工程实施后农村医疗支出有所增加。这证明需要进一步完善农村医疗保健制度。

5. 教育支出

由于人们认识到教育的重要性，加大了对教育的资金投入。教育消费支出比重有所提高，从9.4%增加16.6%。

6. 通信类支出

由于现代通信业的发展和外出打工的人数剧增导致了通信费用的增加。因此，通信类消费支出额也有所增加。

7. 对农户生活能源消费的影响

实施工程后，农户的燃料结构由农作物秸秆转向煤炭、煤气、沼气等能源，新能源的利用减少了对生态环境的压力。

第三节　本章小结

宁夏地区经过几十年的荒漠化治理，生态环境发生了很大变化，沙质荒漠化土地减少，小气候环境明显变好，风沙的危害得到了控制。植被的增加，使生物种类不断增多，保证了农业产量的增长。森林固碳释氧、涵养水源、保育土壤的价值均有了较大幅度的提高。宁夏地区的整体生态环境向着良性循环的方向发展。

本章通过对9个乡镇的276个有效农户进行的调查，考察了工程实施前后对农业综合生产力、农户农业生产效率、农户收入结构和农户消费结构等几个方面的影响，得出下面的结论：

（1）对耕地面积的影响。荒漠化治理工程对农民的耕地资源有较大的影响。但是，由于农户所处的地理位置和行政区域的不同，不同地区的人均占有耕地面积减少趋势不同。自然环境较差地区耕地减少会更多一些。

（2）对农业综合生产力的影响。该地区的农业处于生产缓慢递增、资源短缺阶段。在没有实施荒漠化治理工程以前，在这三个弹性系数中，农作物播种总面积的弹性系数最大，占生产弹性值的总和的80.44%，农业劳动力的生产弹性系数为0.728，化肥投入量对农业总产值影响的重要性位于第三，占2.50%。实施荒漠化治理工程以后，农业劳动力投入的弹性系数从0.728下降为0.649，减少了0.079，这说明了宁夏回族自治区自实行荒漠化治理工程以后，大批劳动力从第一产业（尤其是种植业）中转移出来。土地的生产弹性系数从3.442上升为4.081，增加了0.639。化肥投入量的生产弹性系数从0.109上升为0.118，增加了0.009，化肥投入量使用效率得到了提高。荒漠化治理政策自身对于农业产总值的贡献度为0.247，意味着仅采取荒漠化治理工程，宁夏回族自治区的农业生产总值可提高0.247%。

（3）对农户农业生产效率的影响分析。退耕农户的农业生产综合技术效率呈增加趋势，由1999年的0.487提高到2013年的0.772。技术效率也呈逐年增长趋势，由1999年的0.672提高到2013年的0.962。规模效率则出现先增长后下降的趋势。技术效率是推动综合效率增长的重要因素，规模效率对综合效率存在消极影响。退耕后劳动力、化肥、农药的施用量、种子和地膜的使用量等农业生产资源投入和产出松弛均呈减少趋势，这说明随着先进技术的使用和新的耕作方式的使用，农业资源利用水平得到了提高，农业生产要素配置趋于合理。

（4）对农户收入的影响。农民的人均纯收入从整体上看是逐年递增的，收入增加的主要原因是副业和打工工资的增加。

（5）对农户消费结构的影响。农户的消费结构得到了一定的改善，食品支出在总消费支出中的比重降低，医疗、教育、通信等支出有所提高。

第五章　基于能值理论的荒漠化治理生态经济效应研究

近年来，我国学者在研究生态工程生态效应评价的时候，通常对生态子系统和经济子系统单独进行评价。两个子系统的评价方法、衡量尺度都不同，因此，对两者进行比较就非常困难。统一度量单位对生态工程综合效益评价具有重要意义。

美国生态学家 H. T. Odum 在 20 世纪 80 年代提出的能值（Energy）理论和方法[①]，为自然系统和经济系统能量研究提供了一种新的工具和思路。[②]

能值定理以太阳能值（Solar Energy）为标准，将生态、社会、经济各子系统连接起来，定量分析了自然资源、经济投入产出和人类社会之间的真实价值[③]，有效地解决了不同类别能量因为存在能质和能级差异而无法换算的问题。[④]

本章运用能值方法，运用调研数据和统计资料数据，对宁夏荒漠化治理工程实施前后系统的能值投入和输出等的变化情况进行比较和分析，制定了能值分析表，建立反映生态环境价值和社会经济发展、人与自然关系的指标体系。通过建立该指标体系，衡量宁夏

---

① Odum H. T. ,“Self - organization, Transformity, and Information”, *Science*, No. 242, 1988, pp. 1132 - 1139.

② Odum H. T. , *Environmental Accounting*: *Energy and Environmental Decision Making*, New York: Wiley Press, 1996, p. 126.

③ Ibid.

④ Odum H. T, Odum, E. C. , *A Prosperous Way Down*: *Principles and Policies*, Colorado ; University Press of Colorado, 2001, p. 158.

荒漠化治理前后的生态系统的变化情况。

第一节　研究方法

一　能值理论介绍

H. T. Odum 对能值的概念是“某种流动的能量所包含另一种类别能量的数量”。通过太阳能作为中间变量来衡量不同类型物质的能值大小。

世界上各种物质之间存在能质和能级差异，它们之间不能直接进行度量。但是这些物质和太阳能却有着一定的联系，太阳能可以作为统一尺度来衡量不同类型能量的能值大小。

在能值分析中通常会用太阳能值转换率作为衡量标准，能值转换率是单位物质或者能量由多少等量的太阳能焦耳能值转化过来的。能值计算方法和能值转换率参考 Brandt - Williams（2002）、Campbell（2005）、Odum（2000）、Brown M. T（2001）的文献，各种生产资料、产品的折算系数参照牛若峰等[①]（1984）、朱秉兰[②]（2001）、骆世明等[③④]（1987、1996）的研究数据。

二　能值分析的主要指标

根据 Odum、蓝盛芳等[⑤]、隋春花等[⑥]、尚清芳等[⑦]的研究，对

---

① 牛若峰、刘天福：《农业技术经济手册》（修订本），农业出版社 1984 年版，第 126 页。

② 朱秉兰：《简明农机手册》，河南科学技术出版社 2001 年版，第 183—184 页。

③ 骆世明、陈聿华、严斧：《农业生态学》，湖南科技出版社 1987 年版，第 451—455 页。

④ 骆世明、彭少麟：《农业生态系统分析》，广东科技出版社 1996 年版，第 447—452 页。

⑤ 蓝盛芳、钦佩：《生态系统的能值分析》，《应用生态学报》2001 年第 2 期，第 129—131 页。

⑥ 隋春花、张耀辉、蓝盛芳：《环境—经济系统能值评价》，《重庆环境科学》1999 年第 21 期。

⑦ 尚清芳、张静、米丽娜：《定量分析生态经济系统演化的新途径——能值分析》，《甘肃科技》2007 年第 23 期。

生态系统进行能值分析的时候，可以得出重要的能值综合指标，建立反映生态环境价值和社会经济发展、人与自然关系的指标体系，这些指标可以客观反映生态系统的结构、功能和效率。

1. 能值投资率

能值投资率（Energy Investment Ratio）是衡量经济发展水平和环境负载程度的指标。是经济的反馈能值（EmF）与环境的无偿能值输入（EmI）之间的比值。该指标的值越大说明该系统的经济发展水平越高，对周围环境的依赖越低。

2. 净能值产出率

该指标衡量了系统的生产效率，反映了系统产出对经济贡献的大小。是系统产出的能值和经济反馈（输入）能值之比。该指标的值越大，系统的生产效率越高。

3. 环境负载率

环境负载率（Environment Load Ratio，ELR）是衡量自然环境的负荷程度的指标。

第二节　荒漠化治理生态经济系统能流状况

生态系统的能值转移实质是下面这个过程：自然系统能值和人类社会系统能值在进行生产的过程时，会消耗一部分在环境中；另一部分能值则以固氧释碳、保持土壤、涵养水源的形式滞留在生态系统中；而大部分的产出能值会以产品的形式从系统中输出。

荒漠化治理生态系统的投入能值包括自然生态系统和经济能值两部分（具体分类可以见表5－1）。自然生态系统的能值投入一般不需要人类的货币购买，可以从自然界无偿获得。它由可更新环境资源和不可更新环境资源两类组成。经济能值包括工业辅助能和可

表5－1　宁夏荒漠化治理前后生态系统能量投入分析　单位：焦耳或克

项　目	年　份								
	1975	1978	1985	1990	1995	2000	2005	2010	2013
可更新环境资源									
1. 太阳光	8.35 E+20	8.42 E+20	8.46 E+20	8.62 E+20	8.81 E+20	8.72 E+20	8.67 E+20	8.65 E+20	8.65 E+20
2. 雨水势能	1.84 E+15	1.77 E+15	1.75 E+15	1.76 E+15	1.87 E+15	1.73 E+15	1.77 E+15	1.81 E+15	1.85 E+15
3. 雨水化学能	2.77 E+17	2.71 E+17	2.66 E+17	2.68 E+17	2.87 E+17	2.61 E+17	2.71 E+17	2.77 E+17	2.84 E+17
不可更新环境资源									
4. 表土流失	2.82 E+16	2.58 E+16	2.50 E+16	2.38 E+16	2.18 E+16	2.02 E+16	1.96 E+16	1.84 E+16	1.77 E+16
工业辅助能									
5. 氮肥	9.90 E+11	9.95 E+11	9.97 E+12	1.11 E+12	1.71 E+12	1.68 E+12	1.64 E+12	1.59 E+12	1.60 E+12
6. 磷肥	5.66 E+11	5.69 E+11	5.89 E+11	6.05 E+11	9.13 E+11	9.01 E+11	8.69 E+11	8.68 E+11	8.56 E+11
7. 钾肥	1.06 E+12	1.11 E+12	1.13 E+12	1.19 E+12	2.48 E+12	2.42 E+12	2.45 E+12	2.48 E+12	2.35 E+12
8. 复合肥	1.14 E+12	1.15 E+12	1.52 E+12	1.53 E+12	1.53 E+12	1.53 E+12	1.50 E+12	1.55 E+12	1.53 E+12
9. 农药	9.50 E+10	1.02 E+11	1.08 E+11	1.13 E+11	1.14 E+11	1.31 E+11	1.33 E+11	1.25 E+11	1.38 E+11
10. 农膜	3.29 E+11	3.61 E+11	3.76 E+11	4.15 E+11	4.26 E+11	4.29 E+11	4.33 E+11	4.70 E+11	5.02 E+11
11. 机械动力	4.33 E+13	4.53 E+13	4.76 E+13	4.80 E+13	6.40 E+13	9.26 E+13	9.41 E+13	9.56 E+13	9.67 E+13
12. 电力	1.04 E+16	1.05 E+16	1.12 E+16	1.07 E+16	1.24 E+16	1.99 E+16	2.07 E+16	2.09 E+16	2.33 E+16
13. 柴油	2.89 E+16	3.44 E+16	3.45 E+16	5.52 E+16	5.68 E+16	7.76 E+16	9.62 E+16	9.67 E+16	1.02 E+17
可更新有机能									
14. 劳力	3.17 E+16	3.26 E+16	2.92 E+16	2.90 E+16	2.89 E+16	2.66 E+16	2.64 E+16	2.62 E+16	2.59 E+16
15. 畜力	3.37 E+16	3.42 E+16	3.48 E+16	2.93 E+16	3.11 E+16	3.16 E+16	2.81 E+16	2.69 E+16	2.80 E+16
16. 有机肥	5.64 E+13	5.99 E+13	6.52 E+13	6.81 E+13	7.22 E+13	6.92 E+13	6.78 E+13	6.87 E+13	7.16 E+13
17. 种子	1.94 E+14	3.78 E+15	4.64 E+15	5.51 E+15	6.10 E+15	7.20 E+15	7.89 E+15	7.68 E+15	7.29 E+15

表 5－2　宁夏荒漠化治理前后生态系统能值投入分析　单位：sej

项　目	能值转换率 (sej/J，sej/g)	年份								
		1975	1978	1985	1990	1995	2000	2005	2010	2013
可更新环境资源		1.81 E+22	1.76 E+22	1.73 E+22	1.74 E+22	1.86 E+22	1.71 E+22	1.76 E+22	1.79 E+22	1.84 E+22
1. 太阳光	1	8.35 E+20	8.42 E+20	8.46 E+20	8.62 E+20	8.81 E+20	8.72 E+20	8.67 E+20	8.65 E+20	8.65 E+20
2. 雨水势能	4.70 E+06	8.65 E+21	8.31 E+21	8.21 E+21	8.25 E+21	8.80 E+21	8.15 E+21	8.30 E+21	8.50 E+21	8.70 E+21
3. 雨水化学能	3.01 E+04	8.60 E+21	8.40 E+21	8.25 E+21	8.30 E+21	8.90 E+21	8.10 E+21	8.40 E+21	8.58 E+21	8.80 E+21
不可更新环境资源										
4. 表土流失	1.24 E+05	3.50 E+21	3.20 E+21	3.10 E+21	2.95 E+21	2.70 E+21	2.50 E+21	2.43 E+21	2.28 E+21	2.19 E+21
工业辅助能		1.89 E+22	1.96 E+22	2.12 E+22	2.23 E+22	2.97 E+22	3.51 E+22	3.66 E+22	3.66 E+22	3.76 E+22
5. 氮肥	3.80 E+09	3.76 E+21	3.78 E+21	3.79 E+21	4.22 E+21	6.50 E+21	6.38 E+21	6.25 E+21	6.03 E+21	6.08 E+21
6. 磷肥	3.90 E+09	2.21 E+21	2.22 E+21	2.29 E+21	2.36 E+21	3.57 E+21	3.52 E+21	3.39 E+21	3.38 E+21	3.34 E+21
7. 钾肥	1.10 E+09	1.17 E+21	1.22 E+21	1.25 E+21	1.31 E+21	2.73 E+21	2.66 E+21	2.69 E+21	2.72 E+21	2.58 E+21
8. 复合肥	2.80 E+09	3.21 E+21	3.22 E+21	4.28 E+21	4.29 E+21	4.29 E+21	4.21 E+21	4.33 E+21	4.34 E+21	4.28 E+21
9. 农药	1.60 E+09	1.52 E+20	1.63 E+20	1.72 E+20	1.80 E+20	1.82 E+20	2.10 E+20	2.12 E+20	2.00 E+20	2.20 E+20

续表

项　目	能值转换率 (sej/J, sej/g)	年份								
		1975	1978	1985	1990	1995	2000	2005	2010	2013
10. 农膜	6.38 E+08	2.10 E+20	2.30 E+20	2.40 E+20	2.65 E+20	2.72 E+20	2.74 E+20	2.76 E+20	3.00 E+20	3.20 E+20
11. 机械动力	7.50 E+07	3.25 E+21	3.40 E+21	3.57 E+21	3.60 E+21	4.80 E+21	6.95 E+21	7.06 E+21	7.17 E+21	7.25 E+21
12. 电力	2.91 E+05	3.02 E+21	3.07 E+21	3.26 E+21	3.12 E+21	3.62 E+21	5.78 E+21	6.01 E+21	6.09 E+21	6.77 E+21
13. 柴油	6.60 E+04	1.91 E+21	2.27 E+21	2.30 E+21	3.63 E+21	3.75 E+21	5.12 E+21	6.35 E+21	6.38 E+21	6.75 E+21
可更新有机能		2.94 E+22	3.07 E+22	2.90 E+22	2.78 E+22	2.84 E+22	2.74 E+22	2.67 E+22	2.62 E+22	2.61 E+22
14. 劳力	6.38 E+05	2.02 E+22	2.08 E+22	1.86 E+22	1.85 E+22	1.84 E+22	1.69 E+22	1.68 E+22	1.67 E+22	1.65 E+22
15. 畜力	2.45 E+05	8.25 E+21	8.37 E+21	8.52 E+21	7.18 E+21	7.63 E+21	7.75 E+21	6.89 E+21	6.59 E+21	6.85 E+21
16. 有机肥	4.54 E+06	2.56 E+20	2.72 E+20	2.96 E+20	3.09 E+20	3.28 E+20	3.14 E+20	3.08 E+20	3.12 E+20	3.25 E+20
17. 种子	3.36 E+05	6.50 E+20	1.27 E+21	1.56 E+21	1.85 E+21	2.05 E+21	2.42 E+21	2.65 E+21	2.58 E+21	2.45 E+21
投入能值计算		6.98 E+22	7.10 E+22	7.06 E+22	7.11 E+22	7.94 E+22	8.21 E+22	8.32 E+22	8.31 E+22	8.43 E+22

更新有机能两类。系统的产出能值包括系统中农、林、牧、副、渔等产业的产品产出。由于在宁夏农业总产出中占比例最大的是种植业、畜牧业和林业，所以本章对宁夏荒漠化治理生态系统产出能值的研究就主要集中在这三方面。生态系统能值转移的过程中，由于人类有意识的经济活动的干预，会形成新的农林草复合生态系统。新系统之间存在能量流、物质流和信息流的交换，还存在价值流的转化。因此，该生态系统具有能量转化、物质循环和价值增值的基本功能。表 5－1 列出了宁夏荒漠化治理前后生态系统能量投入分析，表5－2 是经过能值转换率转化后的工程治理前后的能值投入分析。这些投入既有来自外界的可更新环境资源（太阳能、雨水势能、雨水化学能）和不可更新环境资源（土壤表土流失）；也包括人类有意识地投入的化肥、农机等工业辅助能，以及各种人力和畜力的投入。图 5－1 分析了宁夏荒漠化治理生态系统能值总量变动趋势，分析了荒漠化治理工程前后，各种能值投入和能值产出的变化情况。

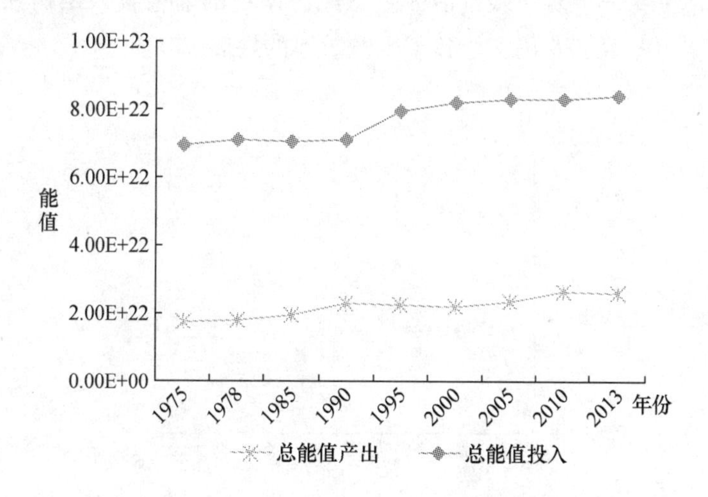

图 5－1　宁夏荒漠化治理生态系统能值总量变动趋势

第三节　荒漠化治理生态经济系统能值投入结构分析

根据图 5 - 1 可以看出，宁夏实施荒漠化工程后的生态经济系统能值变化情况。随着荒漠化治理工程的实施，宁夏回族自治区的生态经济系统的年总能值使用量和产出值均呈平稳增长的趋势。从表 5 - 2 可以看出，年总能值投入量从 1975 年的 6. 98 E + 22sej 增长到 2013 年的 8. 43 E + 22sej，能值投入量 2013 年比 1975 年增长了 20. 77%，但年总能值产出由 1975 年的 1. 75 E + 22sej 增长为 2013 年的 2. 64 E + 22sej，增长了 50. 86%（见表 5 - 4）。这说明宁夏产出量的增长幅度大于投入增长幅度。宁夏实施荒漠化工程后资源利用效率有了较大幅度的提高，产出量的增长幅度大于投入增长幅度。在单位能值投入相同的情况下，得到了更多的能值产出。究其原因，主要是宁夏回族自治区生态经济系统的能值投入结构和能值产出结构发生了变化，导致了生产效率的提高。

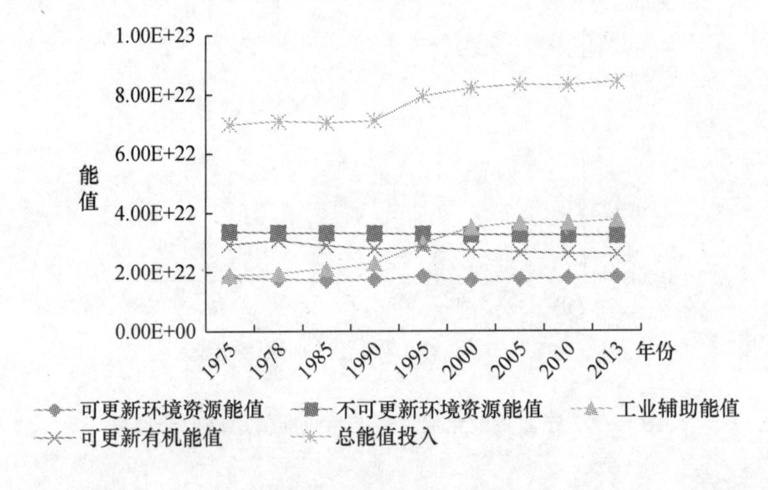

图 5 - 2　宁夏荒漠化治理生态系统能值投入结构变动趋势

从表 5 - 2 和图 5 - 2 可以看出，宁夏荒漠化治理的生态系统能值投入主要由以下四部分组成：可更新环境资源能值、不可更新环境资源能值、工业辅助能值和可更新有机能值。其中，可更新环境资源能值主要由太阳光能、雨水势能和雨水化学能组成，这部分能值主要来自外界自然资源，因此外界自然资源的不规则变化也导致了这部分能值呈现波动性变化的特点。这部分资源的能值在整个系统投入能值总量中所占比重较大，说明该生态系统对免费无偿能值的利用率较高。不可更新环境资源能值投入呈下降趋势：从 1978 年的 3.5 E + 21 sej 下降到 2013 年的 2.19 E + 21sej，下降幅度达到 37.43%。这说明随着“三北”防护林工程、天然林保护工程等工程的实施，宁夏回族自治区的森林覆盖率提高，有效地减少了水土流失情况。该地区生态经济能值结构的另外一个重要变化是工业辅助能值的增加，工业辅助能值由 1975 年的 1.89 E + 22sej 增长为 2013 年的 3.76 E + 22sej。可更新有机能值呈平缓减少的特点。可更新有机能值主要包括劳力、畜力、有机肥和种子等投入。这部分投入在总能值投入里占的比值较大，分别达到 35.34%—48.58%。其中人类劳动力的比重较大，但是随着工程的进行，农业劳动力从农业系统逐渐地向其他产业分离，呈现减少趋势：从 1975 年的 2.02 E + 22sej 下降到 2013 年的 1.65 E + 22sej。从长远来看，工业辅助能值的增加和可更新有机能值的减少对该地区的生态系统是一个有利的趋势，说明工业辅助能值和劳动力能值的结构正趋于合理，传统的劳动力生产方式正在被工业化技术取代，这样也有利于系统整体效率的提高。

第四节　荒漠化治理生态经济系统能值产出结构分析

根据表 5 - 3 和表 5 - 4 可以看出，宁夏荒漠化治理的年总产出能值总体呈现上升的趋势：从 1975 年的 1.75 E + 22 sej 上升到 2000 年的 2.22 E + 22sej，2013 年达到 2.64 E + 22sej。从图 5 - 3 可以看

表 5－3　宁夏荒漠化治理前后生态系统能量产出分析　单位：焦耳或克

项　目	年　份								
	1975	1978	1985	1990	1995	2000	2005	2010	2013
种植业 EMY1									
1. 玉米	2. 00 E +16	1. 86 E +16	1. 89 E +16	2. 55 E +16	2. 32 E +16	2. 14 E +16	1. 95 E +16	2. 05 E +16	2. 06 E +16
2. 小麦	1. 65 E +16	1. 66 E +16	1. 91 E +16	2. 23 E +16	2. 18 E +16	2. 00 E +16	2. 05 E +16	2. 10 E +16	2. 11 E +16
3. 稻谷	3. 45 E +16	3. 56 E +16	3. 67 E +16	4. 04 E +16	4. 23 E +16	4. 10 E +16	3. 65 E +16	3. 60 E +16	3. 57 E +16
4. 豆类	1. 27 E +15	1. 58 E +15	1. 54 E +15	1. 80 E +15	1. 93 E +15	1. 67 E +15	1. 85 E +15	1. 91 E +15	2. 00 E +15
5. 薯类	7. 28 E +15	8. 50 E +15	9. 78 E +14	1. 01 E +15	1. 02 E +15	1. 39 E +15	1. 37 E +15	1. 48 E +15	1. 64 E +15
6. 油料	1. 41 E +15	1. 47 E +15	1. 61 E +15	1. 88 E +15	1. 69 E +15	2. 10 E +15	3. 67 E +15	6. 27 E +15	5. 42 E +15
7. 蔬菜瓜果	3. 50 E +14	5. 00 E +14	9. 19 E +14	1. 02 E +15	1. 07 E +15	1. 22 E +15	1. 49 E +15	1. 67 E +15	1. 79 E +15
8. 水果	4. 29 E +15	3. 81 E +15	4. 89 E +15	4. 71 E +15	5. 88 E +15	7. 76 E +15	9. 36 E +15	1. 10 E +16	1. 04 E +16
畜牧业 EMY2									
9. 猪肉	7. 65 E +14	8. 82 E +14	9. 12 E +14	8. 35 E +14	9. 41 E +14	7. 94 E +14	7. 29 E +14	7. 71 E +14	7. 82 E +14
10. 羊肉	4. 45 E +14	4. 75 E +14	5. 00 E +14	5. 60 E +14	5. 90 E +14	5. 20 E +14	5. 30 E +14	5. 35 E +14	5. 45 E +14

续表

项　目	年　份								
	1975	1978	1985	1990	1995	2000	2005	2010	2013
11. 牛肉	2. 12 E+14	2. 10 E+14	2. 38 E+14	2. 60 E+14	2. 65 E+14	2. 42 E+14	2. 47 E+14	2. 48 E+14	2. 40 E+14
12. 禽肉	2. 77 E+14	3. 40 E+14	3. 65 E+14	4. 41 E+14	4. 47 E+14	4. 26 E+14	4. 12 E+14	4. 00 E+14	4. 18 E+14
13. 鸡蛋	2. 12 E+14	2. 30 E+14	2. 52 E+14	2. 98 E+14	3. 10 E+14	2. 80 E+14	2. 69 E+14	2. 75 E+14	2. 87 E+14
14. 毛类	5. 23 E+14	5. 91 E+14	6. 60 E+14	7. 05 E+14	7. 27 E+14	6. 36 E+14	6. 14 E+14	6. 82 E+14	6. 36 E+14
林业 EMY3									
15. 活立木	2. 27 E+16	2. 41 E+16	2. 61 E+16	2. 70 E+16	2. 90 E+16	3. 13 E+16	3. 27 E+16	3. 41 E+16	3. 49 E+16
林业 EMY3 系统服务 EMY4									
16. 保持土壤	9. 80 E+14	1. 47 E+15	1. 70 E+15	1. 81 E+15	1. 93 E+15	2. 36 E+15	2. 41 E+15	2. 46 E+15	2. 54 E+15
17. 涵养水源	8. 30 E+13	1. 06 E+14	1. 15 E+14	1. 17 E+14	1. 18 E+14	1. 30 E+14	1. 47 E+14	1. 58 E+14	1. 70 E+14
18. 吸收 CO_2	2. 17 E+12	3. 31 E+12	3. 41 E+12	3. 92 E+12	4. 02 E+12	4. 84 E+12	5. 08 E+12	5. 63 E+12	6. 83 E+12
19. 释放 O_2	1. 52 E+12	2. 27 E+12	2. 50 E+12	2. 72 E+12	2. 90 E+12	3. 52 E+12	3. 54 E+12	3. 78 E+12	4. 38 E+12

表 5－4　宁夏荒漠化治理前后生态系统能值产出

	能值转换率（sej/J，sej/g）	1975 年	1978 年	1985 年	1990 年	1995 年	2000 年	2005 年	2010 年	2013 年
种植业 EMY1		1.23 E+22	1.24 E+22	1.36 E+22	1.63 E+22	1.59 E+22	1.56 E+22	1.71 E+22	2.01 E+22	1.95 E+22
1. 玉米	2.20 E+05	4.40 E+21	4.10 E+21	4.16 E+21	5.60 E+21	5.10 E+21	4.70 E+21	4.30 E+21	4.50 E+21	4.54 E+21
2. 小麦	2.20 E+05	3.62 E+21	3.65 E+21	4.20 E+21	4.90 E+21	4.80 E+21	4.40 E+21	4.50 E+21	4.62 E+21	4.64 E+21
3. 稻谷	3.59 E+04	1.24 E+21	1.28 E+21	1.32 E+21	1.45 E+21	1.52 E+21	1.47 E+21	1.31 E+21	1.29 E+21	1.28 E+21
4. 豆类	6.90 E+05	8.78 E+20	1.09 E+21	1.06 E+21	1.24 E+21	1.33 E+21	1.15 E+21	1.28 E+21	1.32 E+21	1.38 E+21
5. 薯类	1.80 E+05	1.31 E+20	1.53 E+20	1.76 E+20	1.81 E+20	1.83 E+20	2.50 E+20	2.47 E+20	2.66 E+20	2.95 E+20
6. 油料	9.20 E+05	1.30 E+21	1.35 E+21	1.48 E+21	1.73 E+21	1.55 E+21	1.94 E+21	3.38 E+21	5.77 E+21	4.99 E+21
7. 蔬菜瓜果	7.00 E+04	2.45 E+20	3.50 E+20	6.43 E+20	7.12 E+20	7.47 E+20	8.53 E+20	1.04 E+21	1.17 E+21	1.25 E+21
8. 水果	1.10 E+05	4.72 E+20	4.19 E+20	5.38 E+20	5.18 E+20	6.47 E+20	8.54 E+20	1.03 E+21	1.21 E+21	1.14 E+21
畜牧业 EMY2		4.10 E+21	4.52 E+21	4.84 E+21	5.15 E+21	5.45 E+21	4.83 E+21	4.72 E+21	4.82 E+21	4.86 E+21
9. 猪肉	1.70 E+06	1.30 E+21	1.50 E+21	1.55 E+21	1.42 E+21	1.60 E+21	1.35 E+21	1.24 E+21	1.31 E+21	1.33 E+21
10. 羊肉	2.00 E+06	8.90 E+20	9.50 E+20	1.00 E+21	1.12 E+21	1.18 E+21	1.04 E+21	1.06 E+21	1.07 E+21	1.09 E+21

续表

	能值转换率（sej/J，sej/g）	1975 年	1978 年	1985 年	1990 年	1995 年	2000 年	2005 年	2010 年	2013 年
11. 牛肉	4.00 E+06	8.47 E+20	8.30 E+20	9.50 E+20	1.04 E+21	1.06 E+21	9.60 E+20	9.86 E+20	9.91 E+20	9.58 E+20
12. 禽肉	1.70 E+06	4.71 E+20	5.88 E+20	6.20 E+20	7.50 E+20	7.60 E+20	7.20 E+20	7.00 E+20	6.80 E+20	7.10 E+20
13. 鸡蛋	1.71 E+06	3.63 E+20	3.94 E+20	4.30 E+20	5.10 E+20	5.30 E+20	4.80 E+20	4.60 E+20	4.70 E+20	4.90 E+20
14. 毛类	4.40 E+06	2.30 E+20	2.60 E+20	2.90 E+20	3.10 E+20	3.20 E+20	2.80 E+20	2.70 E+20	3.00 E+20	2.80 E+20
林业 EMY3		8.00 E+20	8.50 E+20	9.20 E+20	9.50 E+20	1.02 E+21	1.10 E+21	1.15 E+21	1.20 E+21	1.23 E+21
15. 活立木	3.52 E+04	8.00 E+20	8.50 E+20	9.20 E+20	9.50 E+20	1.02 E+21	1.10 E+21	1.15 E+21	1.20 E+21	1.23 E+21
系统服务 EMY4		2.88 E+20	4.21 E+20	4.59 E+20	4.99 E+20	5.22 E+20	6.25 E+20	6.49 E+20	6.93 E+20	7.83 E+20
16. 保持土壤	7.40 E+04	7.28 E+19	1.09 E+20	1.26 E+20	1.34 E+20	1.43 E+20	1.75 E+20	1.78 E+20	1.82 E+20	1.88 E+20
17. 涵养水源	6.66 E+05	5.52 E+19	7.05 E+19	7.63 E+19	7.82 E+19	7.85 E+19	8.65 E+19	9.78 E+19	1.05 E+20	1.13 E+20
18. 吸收 CO_2	3.78 E+07	8.21 E+19	1.25 E+20	1.29 E+20	1.48 E+20	1.52 E+20	1.83 E+20	1.92 E+20	2.13 E+20	2.58 E+20
19. 释放 O_2	5.11 E+07	7.79 E+19	1.16 E+20	1.30 E+20	1.38 E+20	1.48 E+20	1.80 E+20	1.81 E+20	1.93 E+20	2.24 E+20
输出能值计算 EY		1.75 E+22	1.82 E+22	1.98 E+22	2.29 E+22	2.29 E+22	2.22 E+22	2.36 E+22	2.69 E+22	2.64 E+22

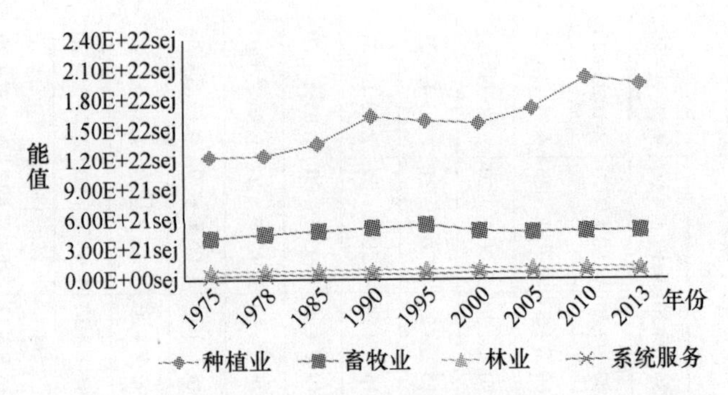

图5－3　宁夏荒漠化治理生态系统能值产出结构变动趋势

出能值产出的结构分布，占绝对优势的是种植业。种植业以玉米、小麦、稻谷、豆类为主，其余的还兼有蔬菜水果。种植业呈现出先增长后减少，又逐步回升的趋势：在2000年实施退耕还林政策以后，粮食的产量有所下降，但是随着新的生产技术的采用，又出现了初步回升的状态。以后为了提高种植业的产量，应该进一步发展新型技术。蔬菜和水果、油料的能值在整个产出中所占比重不大，但是呈现逐年增长趋势。这证明当地政府和人民对产业结构进行了调整，更加注重特色农业的发展。2000年以后，畜牧业在总能值产出的比重逐渐呈现下降的趋势，这是因为实施退耕还林和封山禁牧制度后，许多牧民放弃了畜牧生产，这使畜牧业的产量有所下降。林业的能值所占比重不大，但是呈逐年增加的趋势：从1975年的8.00E＋20sej上升到2000年的1.10E＋21sej，到2013年达到了1.23 E＋21sej。这证明荒漠化治理工程已经取得了一定的成果。随着时间的推移，以活立木及服务价值的形式滞留在系统内部的林业能值将会进一步发挥作用，林业的效益会进一步得到提高。

第五节　荒漠化治理经济系统主要能值指标分析

通过系统能值分析提炼出能值综合指标（见表5－5），建立反映生态环境价值和社会经济发展、人与自然关系的指标体系，这些

表 5-5　宁夏荒漠化治理生态系统能值分析的主要指标

项　目	年　份								
	1975	1978	1985	1990	1995	2000	2005	2010	2013
可更新环境资源能值 E_{MR}	1.81 E+22	1.76 E+22	1.73 E+22	1.74 E+22	1.86 E+22	1.71 E+22	1.76 E+22	1.79 E+22	1.84 E+22
不可更新环境资源能值 E_{MN}	3.50 E+21	3.20 E+21	3.10 E+21	2.95 E+21	2.70 E+21	2.50 E+21	2.43 E+21	2.28 E+21	2.19 E+21
环境资源总能 $E_{MI}=E_{MR}+E_{MN}$	2.16 E+22	2.08 E+22	2.04 E+22	2.03 E+22	2.13 E+22	1.96 E+22	2.02 E+22	2.02 E+22	2.06 E+22
不可更新工业辅助能 E_{MF}	1.89 E+22	1.96 E+22	2.12 E+22	2.23 E+22	2.97 E+22	3.51 E+22	3.66 E+22	3.66 E+22	3.76 E+22
可更新有机能 E_{MR1}	2.94 E+22	3.07 E+22	2.90 E+22	2.78 E+22	2.84 E+22	2.74 E+22	2.67 E+22	2.62 E+22	2.61 E+22
辅助能总投入 $E_{MU}=E_{MF}+E_{MR1}$	4.83 E+22	5.03 E+22	5.02 E+22	5.01 E+22	5.81 E+22	6.25 E+22	6.33 E+22	6.28 E+22	6.37 E+22
总能值投入 $E_{MT}=E_{MI}+E_{MU}$	6.98 E+22	7.10 E+22	7.06 E+22	7.11 E+22	7.94 E+22	8.21 E+22	8.32 E+22	8.31 E+22	8.43 E+22
农产品 E_{MY1}	1.23 E+22	1.24 E+22	1.36 E+22	1.63 E+22	1.59 E+22	1.56 E+22	1.71 E+22	2.01 E+22	1.95 E+22
畜产品 E_{MY2}	4.10 E+21	4.52 E+21	4.84 E+21	5.15 E+21	5.45 E+21	4.83 E+21	4.72 E+21	4.82 E+21	4.86 E+21
林产品 E_{MY3}	8.00 E+20	8.50 E+20	9.20 E+20	9.50 E+20	1.02 E+21	1.10 E+21	1.15 E+21	1.20 E+21	1.23 E+21
系统服务能值 E_{MY4}	2.88 E+20	4.21 E+20	4.59 E+20	4.99 E+20	5.22 E+20	6.25 E+20	6.49 E+20	6.93 E+20	7.83 E+20
总能值产出 E_{MY}	1.75 E+22	1.82 E+22	1.98 E+22	2.29 E+22	2.29 E+22	2.22 E+22	2.36 E+22	2.69 E+22	2.64 E+22
可更新环境资源能值比例 E_{MR}/E_{MT}	0.259	0.247	0.245	0.245	0.234	0.208	0.211	0.216	0.218

续表

项目	年份								
	1975	1978	1985	1990	1995	2000	2005	2010	2013
不可更新环境资源能值比例 E_{MN} / E_{MT}	0.050	0.045	0.044	0.041	0.034	0.030	0.029	0.027	0.026
环境资源比率 E_{MI} / E_{MT}	0.309	0.292	0.289	0.286	0.268	0.239	0.240	0.243	0.244
工业辅助能比率 E_{MF} / E_{MT}	0.270	0.276	0.300	0.323	0.374	0.427	0.439	0.441	0.446
有机能比率 E_{MR1} / E_{MT}	0.421	0.432	0.411	0.391	0.358	0.334	0.320	0.316	0.310
购买能值比率 E_{MU} / E_{MT}	0.691	0.708	0.711	0.714	0.732	0.761	0.760	0.757	0.756
能值投资率 EIR = E_{MU} / E_{MI}	2.236	2.423	2.458	2.496	2.732	3.187	3.163	3.107	3.101
净能值产出率 EYR = E_{MY} / E_{MU}	0.362	0.362	0.395	0.451	0.393	0.355	0.373	0.427	0.414
环境负载率 ELR = E_{MU} + E_{MN} / E_{MR}	2.862	3.047	3.077	3.088	3.274	3.798	3.738	3.629	3.590

指标可以客观反映生态系统的结构、功能和效率，并为政府部门进行宏观调控提供依据。

一　能值投资率

该指标是经济反馈能值与自然环境能值的比值。前者主要指化肥、农药、机械动力的各种生产资料的能值。该指标反映了经济发展水平和周围环境的协调关系。该指标的值越大，表明经济发展程度越高。

从图5-4和表5-5可以看出，随着荒漠化治理工程的实施，宁夏回族自治区的能值投资率出现先增长后下降的趋势，从1975年的2.236增长到了2000年的3.187，到2013年又有所回落，为3.101。总的来说，工程实施后的能值投资率是要远远高于工程实施以前的。证明工程实施对经济发展水平和周围环境的协调起到了积极的作用。但是和国内平均水平相比较，该指标的值还是偏低的，说明当地的农业生产还不能完全摆脱靠天吃饭的现状，还受到自然环境的限制，所以以后还要继续加大对该系统的经济投入，提高经济发展水平。

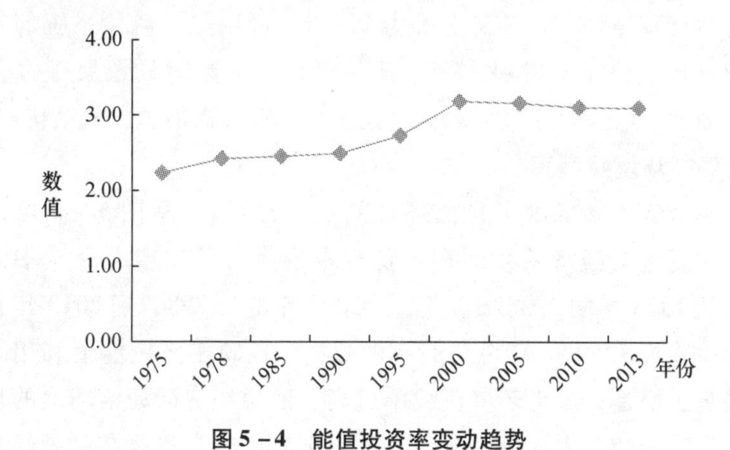

图5-4　能值投资率变动趋势

二　环境资源比率、工业辅助能比率与有机能比率

从表5-5可以看出，宁夏回族自治区实施荒漠化治理以后，有机能比率出现了下降趋势：从1975年的0.421下降到2000年的0.334，到2013年再降到0.310。这说明自然资源和可更新的有机

能在能值投入中的比重降低。环境资源比率出现先下降再略有上升的趋势：环境资源比率从1975年的0.309下降到2000年的0.239，到2013年增加到0.244。说明环境资源在整个能值投入中呈减少趋势，虽然2013年有了一定的增幅，但是相比荒漠化治理工程前，还是呈降低趋势。这说明系统对外界的环境资源的依赖在逐渐减少。工业辅助能比率呈现上涨趋势：工业辅助能比率从1975年的0.270增长到了2000年的0.427，到了2013年，这项值为0.446。工业辅助能对提高生产效率有着积极作用，但是过度地依靠工业辅助能也会对生态环境产生负面影响，因此今后应该提倡使用有机肥和环保辅助能源。

三　净能值产出率

净能值产出率是衡量系统产出对经济贡献大小的指标，是系统产出能值与经济输入能值的比例。净能值产出率越高说明经济效益越高，系统将会获得更多的经济发展机会。[①] 从图5－5可以看到宁夏回族自治区的净能值产出率也出现先增长后减小再增长的趋势，从1975年的0.362增长到了1990年的0.451，2005年减小到0.373，而后到2013年又上升为0.414。说明这一阶段系统的效益还不是特别稳定，发展水平也比较低，大多数时候还属于亏损阶段，因此以后应该通过采取先进技术，积极提高能值投入结构。

四　环境负载率

环境负载率反映了自然环境的负荷程度。[②] 从图5－6可以看出，宁夏生态经济系统的环境负载率也经历了先增大后减小的趋势：从1975年的2.862增长到了2000年的3.798，到2013年有所下降，降为3.590。环境负载率的提高，反映了系统能值利用效率的提高，但是，如果环境负载率过高，证明经济活动给当地的环境造成了一定的压力。分析原因主要是宁夏回族自治区在刺激经济增

---

① 王闫平：《基于能值的山西省农业生态系统动态分析》，博士学位论文，湖南农业大学，2009年。

② 杜英：《黄土丘陵区退耕还林生态系统耦合效应研究——以安塞县为例》，博士学位论文，西北农林科技大学，2008年。

长的过程中，过多地依赖工业辅助能值。因此在某种程度上，给该地区的环境造成了一定的压力。有利的方面表现为荒漠化治理的生态效益在增长，不利的方面是工业辅助能值使用的过量给环境资源带来过多的负荷。面对这种情况，当地政府采取了一些缓解环境压力的措施，所以到了 2013 年，这一指标值有所下降。①

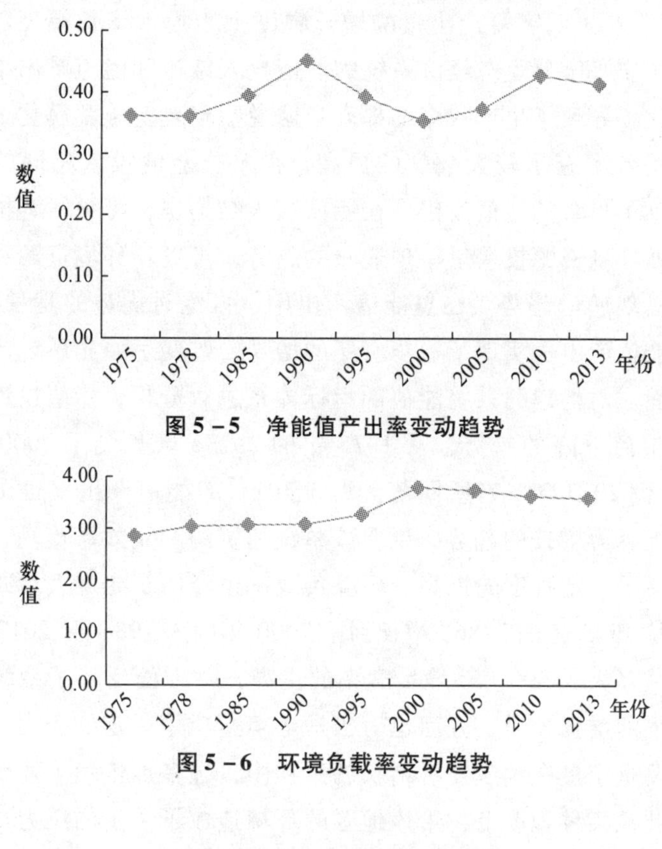

图 5－5　净能值产出率变动趋势

图 5－6　环境负载率变动趋势

第六节　本章小结

本章运用能值分析了宁夏荒漠化治理前后生态经济系统的变化情况。

---

① 孔忠东、徐程扬、杜纪山：《退耕还林工程效益评价研究综述》，《西北林学院学报》2007 年第 22 期。

宁夏在实行荒漠化治理工程后，系统能值的投入和产出均呈现增长趋势。产出的增长幅度大于投入幅度。以年总能值投入量为例，从 1975 年的 6.98 E+22sej 增长到 2013 年的 8.43 E+22sej，能值投入量 2013 年比 1975 年增长了 20.77%，但年总能值产出由 1975 年的 1.75 E+22sej 增长为 2013 年的 2.64 E+22sej，增长了 50.86%。这说明宁夏产出量的增长幅度大于投入增长幅度。究其原因，主要是宁夏生态经济系统的能值投入结构和能值产出结构发生了变化，导致了生产效率的提高。这说明宁夏实施荒漠化工程后资源利用效率有了较大幅度的提高，在单位能值投入相同的情况下，得到了更多的能值产出。在能值投入结构中，可更新有机能和不可更新环境资源投入量呈现递减的趋势，可更新环境资源和工业辅助能呈现递增趋势。在总能值产出中，占绝对优势的是种植业，林业的能值产出也实现了稳步有序的增长，改变了原先系统产出单一的局面。对构建的系统能值的指标体系进行分析，能值投资率出现先增长后下降的趋势，从 1975 年的 2.236 增长到了 2000 年的 3.187，到 2013 年又有所回落，为 3.101。净能值产出率也出现先增长后下降再增长的趋势，说明该系统的资源利用效率提高，经济效益也有了一定程度的提高。环境负载率也经历了先增大后减小的趋势：从 1975 年的 2.862 增长到了 2000 年的 3.798，到 2013 年有所下降，降为 3.590。环境负载率的提高，一方面反映了系统经济发展水平的增强，另一方面也对当地环境造成了一定的压力。分析原因主要是宁夏在刺激经济增长的过程中，过多地依赖工业辅助能值。因此在某种程度上，给该地区的环境造成了一定的压力。面对这种情况，当地政府采取了一些缓解环境压力的措施，所以到了 2013 年，这一指标值有所下降。

第六章　宁夏荒漠化治理生态经济系统耦合效应研究

第一节　研究生态经济系统耦合的必要性

地区间的生态环境系统是经济系统存在的前提。不同时间地区间的资源、环境一系列要素的耦合，可以通过物质循环、人口增长等，影响经济系统。受综合因素的影响，生态经济系统的发展会存在不同的耦合形式，具体的耦合形式有：生态处于平衡状态，而经济处于不平衡状态；经济处于平衡状态，但是生态系统遭到破坏；生态经济系统结构处于严重失调状态，水土流失加剧，土地荒漠化呈现扩大趋势；生态和经济两者处于和谐有序状态，实现两者的良性发展。荒漠化治理生态经济耦合的发展，实质是在尊重客观规律的前提下，运用合理的经济手段，调控系统间的各种资源，不断通过系统的自我调控能力，促使系统发展走向良性循环的耦合过程。[①]

在明确了荒漠化治理的经济系统和生态系统相互影响和相互促进的思路后，可以建立生态和经济这两者之间的动态耦合模型，通过定量化的计算，分析出系统的耦合状态。在生态学研究领域引进耦合的概念，有利于深层次分析生态、经济、社会之间的关系及相互作用过程。

---

① 吕晓、刘新平：《农用地生态经济系统耦合发展评价研究——以新疆塔里木河流域为例》，《资源科学》2010 年第 32 期。

第二节 研究方法

通过建立生态和社会经济这两者之间的耦合模型，通过定量化的计算，分析出系统的耦合状态。本章的基本思路是：首先建立耦合度模型，确定生态环境效益和经济效益之间的比例关系；其次建立反映生态经济发展总体水平的耦合协调度模型；最后确定衡量耦合水平的分类标准。①

一 耦合度模型和耦合协调度模型

生态系统和经济系统的发展方向和发展速度并不是任何时候都保持一致的，有时候可能会出现某一系统的发展滞后或者迟延。这种滞后或者迟延可能会给整个系统的发展带来一定的危害。只有生态系统和经济系统互相作用的程度保持在某一合理的区间内，才会实现系统效益的最大化。这时候引进耦合度这一概念，可以客观衡量系统间要素的互相影响程度。

无论是生态系统还是经济系统，都是由若干要素组成的。这些要素共同作用，促进了系统的稳步发展。根据这些要素的特征，建立反映生态环境综合评价的函数 $f(x)$ 和反映社会经济综合评价的函数 $g(y)$，如式（6－1）、式（6－2）所示。

$$f(x) = \sum_{i=1}^{p} ax_i \tag{6-1}$$

$$g(y) = \sum_{j=1}^{q} by_j \tag{6-2}$$

式中：i、j 分别为要素的个数；a、b 为权重；x_i、y_j 为各指标的标准化值（杜英，2008）。

根据生态环境和社会经济对系统的参数贡献量的不同，得出两者的耦合度计算公式：

---

① 贾士靖、刘银仓、邢明军：《基于耦合模型的区域农业生态环境与经济协调发展研究》，《农业现代化研究》2008 年第 5 期。

$$C=\left\{\frac{4f(x)\ g(y)}{[f(x)+g(y)]^2}\right\}^k \tag{6-3}$$

式（6－3）中，k 值的系数是由子系统的个数确定的，在本章中它的值取为 2。C 表示生态系统和经济系统互相作用的程度，称为荒漠化治理生态经济系统耦合度。C 值的取值范围在 0—1。该值的大小与生态经济耦合程度成正比。C 值越大，证明系统间的协调程度越高，系统间的各个要素的作用发挥到最大；C 值越小，证明两者之间的协调状态很差。

仅仅依靠 C 值，不足以反映生态经济系统的整个耦合情况。因为这一指标仅仅反映了两个系统之间的协调程度，而没有反映整个系统的发展水平。如果系统的发展水平很低，这时候即使系统之间的各个要素的作用发挥到了极致，但是对区域环境经济的发展意义也不是很大。所以还应该引进另外一个模型，这个模型能够如实地反映生态环境和社会经济发展水平的高低。这个模型就是耦合协调度模型[①]（赵宏林，2008）。

$$D=\sqrt{C\cdot T} \tag{6-4}$$

$$T=\alpha f(x)+\beta g(y) \tag{6-5}$$

式（6－4）中，D 为耦合协调度，D 的取值在 0—1。和耦合度模型相比较，耦合协调度模型更能反映系统的“协同”状况，并且科学地度量各个系统之间的交错耦合状态。

式（6－5）中，T 反映了环境和经济对协调度的贡献率。α、β 为待定权数，且 $\alpha+\beta=1$。[②] 研究中把生态系统与经济系统看作同等重要，因此，$\alpha=\beta=\frac{1}{2}$，则：

$$T=\frac{f(x)+g(y)}{2} \tag{6-6}$$

---

① 赵宏林：《城市化进程中的生态环境评价及保护》，博士学位论文，东华大学，2008 年。

② 张书红、魏峰群：《基于耦合度模型下旅游经济与交通优化互动研究——以河北省为例》，《陕西农业科学》2012 年第 4 期。

为了科学地考察研究区的生态经济系统耦合状态和耦合发展水平。通常会将耦合模型和耦合协调度模型结合起来。这样既可以反映各个子系统的要素发挥作用情况，也反映了区域的耦合发展水平。

二 生态经济协调发展类型的划分

系统的最佳发展状态就是在保持较高的耦合发展水平的基础上，各个要素之间的协调关系也是最佳的。兼顾这两个因素，再考虑到生态环境和社会经济对系统的参数贡献量的不同，对荒漠化治理耦合状态进行分类（见表6－1）。

表6－1　　耦合协调发展等级分类

<table>
<tr><th>协调程度</th><th>协调度 D 值</th><th>耦合协调类型</th><th>$f(x)$ 与 $g(y)$ 的对比关系
及耦合模式</th></tr>
<tr><td rowspan="4">协调发展类</td><td>0.91—1</td><td>优质协调发展类</td><td rowspan="5">（1）$g(y)/f(x)>1.2$
生态滞后型
（2）$0.8\leq g(y)/f(x)\leq 1.2$
生态和经济同步型
（3）$g(y)/f(x)<0.8$
经济滞后型</td></tr>
<tr><td>0.81—0.9</td><td>良好协调发展类</td></tr>
<tr><td>0.71—0.8</td><td>中级协调发展类</td></tr>
<tr><td>0.61—0.7</td><td>初级协调发展类</td></tr>
<tr><td rowspan="2">过度发展类</td><td>0.51—0.6</td><td>勉强协调发展类</td></tr>
<tr><td>0.41—0.5</td><td>濒临失调衰退类</td><td rowspan="5">（1）$g(y)/f(x)>1.2$
生态损益型
（2）$0.8\leq g(y)/f(x)\leq 1.2$
生态和经济共损型
（3）$g(y)/f(x)<0.8$
经济损益型</td></tr>
<tr><td rowspan="4">失调衰退类</td><td>0.31—0.4</td><td>轻度失调衰退类</td></tr>
<tr><td>0.21—0.3</td><td>中度失调衰退类</td></tr>
<tr><td>0.11—0.2</td><td>严重失调衰退类</td></tr>
<tr><td>0—0.1</td><td>极度失调衰退类</td></tr>
</table>

第三节　实证分析

确定了研究方法，下一步就是对具体指标的选取和赋值。具体步骤如下：（1）预选指标。通过查阅文献以及专家咨询的方法，预选了对生态环境、人类发展指数、生活质量指数有重要影响的指标。这些指标在以往的评价中使用的频率比较高，并且得到专家的一致认同。(2) 发放问卷，再次筛选指标。通过前面的工作，预选了具有代表性的50个指标。在此基础上，根据实际调研的情况，通过发放问卷的形式，邀请了高校的专家学者、长期在一线从事荒漠化治理工作和林业工作的专家，经过三轮反复筛选，每项指标必须经过2/3以上专家同意才能最终保留。在此基础上，确定了最能代表生态、经济、社会耦合特征的指标。为了保证研究的科学性，邀请了9名多年在高校从事林业研究方面的专家，另外邀请了7名在宁夏林业厅工作的专家，这些专家在宁夏本地的荒漠化治理工作中做过政策的制定和实施。另外，在调研的3个县的林业部门、林业企业、国有林场等邀请了15名实际参加过荒漠化治理工作的具有丰富经验的专家。由于这些专家在荒漠化治理工作方面有着丰富的经验，所以这样也保证了指标选取上的科学性，保证了层次分析法的研究质量。(3) 指标权重的确定。在整个过程中，总共发放问卷31份，回收29份。通过对专家的赋值进行汇总，确定了最终的排序。然后采用了层次分析法对各个准则层和指标层的权重进行了最终的确定。

一　指标体系构建及框架

经过前面的预选和后面的筛选环节，确定了最能代表生态、经济、社会耦合特征的指标。这些指标客观地反映了荒漠化治理的水土价值、土壤改良价值、对区域产业结构、人居环境、农民经济收入的变化、林业产值的增加、人均生产粮食和畜牧品的增加。也最能反映宁夏实施荒漠化治理工程前后生态经济耦合的发展规律。

具体构建的指标体系如图6－1所示。B_1—B_{19}的含义见表6－4。

二　数据的标准化处理及指标权重的确立

在确定了指标体系以后，由于各个指标间的单位并不相同，这个时候就应该对各项原始数据进行无量纲化处理。

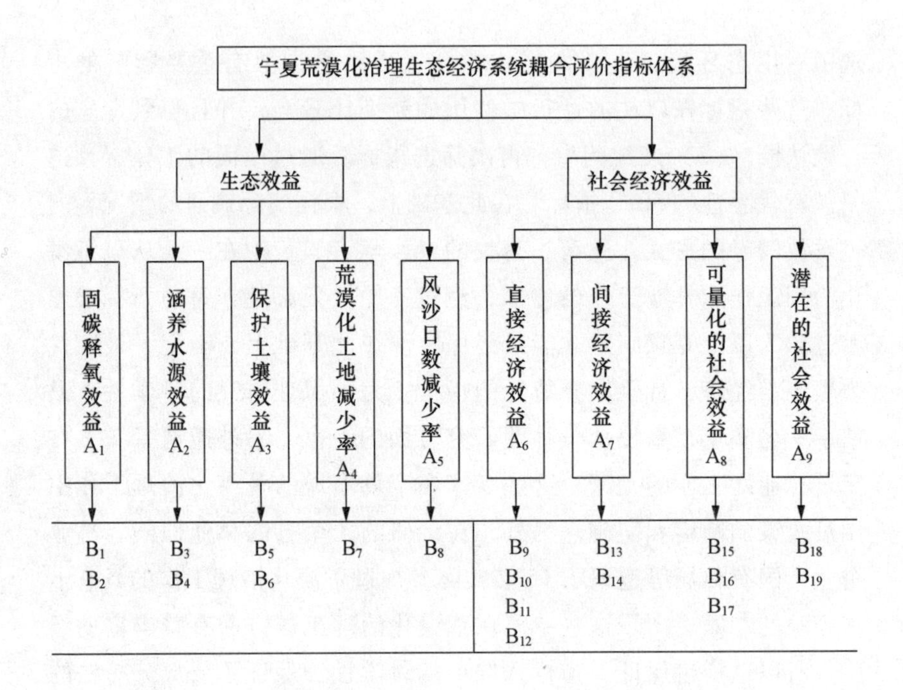

图 6-1　宁夏荒漠化治理生态经济系统耦合效应指标体系

1. 数据的标准化处理

无量纲化方法一般包括直线型、折线型、曲线型无量纲化三类。本书选取比率计算法进行无量纲化处理，计算公式如式（6-7）、式（6-8）所示：

$$U = 1 - \frac{0.9(V_{max} - V)}{V_{max} - V_{min}} \tag{6-7}$$

或

$$U = 1 - \frac{0.9(V - V_{min})}{V_{max} - V_{min}} \tag{6-8}$$

其中：式（6-7）为递增关系式，式（6-8）为递减关系式。当目标值越大越好时，选用式（6-7），否则选用式（6-8）。

2. 不同时段社会和经济效益原始值

由于在第四章已经计算出了荒漠化治理生态效益的各项值，如森林的固碳释氧价值、涵养水源价值、固土保肥等价值。所以在这里就不再列出了。下面主要列出各项经济效益和社会效益的原始值（见表6-2、表6-3）。

表6-2 经济效益原始值

年份	林业产值 B_9（亿元）	人均纯收入 B_{10}（元）	人均生产粮食产量 B_{11}（公斤）	人均生产畜牧品 B_{12}（公斤）	第三产业增长率 B_{13}（%）	农村剩余劳动力转移率 B_{14}（%）
1975	1.9800	372	226	8.7	0	3.9
1978	2.0480	391	320	8.9	43	4.1
1985	2.3581	685	430	9.1	66.7	5.2
1990	2.4546	836	450	11	119	6.5
1995	2.5022	992	500	13	143	9.6
2000	2.5526	1214	410	10.5	180.95	9.7
2001	3.2557	1386	410	10.8	195.24	10.1
2002	3.3298	1426	415	11	230	10.2
2003	3.3985	1524	415	11.2	286.67	11.9
2004	3.4862	1788	418	11.5	382.38	16.2
2005	3.9914	1822	420	12	461.90	17.6
2006	4.0037	2366	421	12.1	625.24	19.9
2007	4.0826	2723	422	12.3	747.62	21.9
2008	4.1451	3107	425	13	780.95	22.1
2009	4.1982	3577	425	13.5	809.52	23.1
2010	4.2009	3885	428	13.8	842.86	23.2
2011	4.2090	4519	428	15	942.86	23.5
2012	8.1000	5095	428	17	1032.38	24.7
2013	8.0782	5044	428	18	1071.43	24.4

表6-3 社会效益原始值

年份	劳动生产率增加率 B_{15}（%）	农村居民恩格尔系数 B_{16}（%）	科技贡献增长率 B_{17}（%）	群众对现有生活的满意度 B_{18}（%）	群众对治沙工作认同率 B_{19}（%）
1975	112	75	0.5	28	32
1978	126.4	65	0.7	30	36

续表

年份	劳动生产率增加率 B_{15}（%）	农村居民恩格尔系数 B_{16}（%）	科技贡献增长率 B_{17}（%）	群众对现有生活的满意度 B_{18}（%）	群众对治沙工作认同率 B_{19}（%）
1985	242.7	60	0.9	35	40
1990	253.85	58	1.3	38	42
1995	426.26	56	1.5	45	45
2000	519.63	53	1.6	50	52
2001	616.53	48	1.8	52	54
2002	719.81	46	2.0	55	56
2003	864.81	45	2.1	58	62
2004	903.01	45	2.4	65	66
2005	998.50	43	2.4	68	70
2006	1118.74	42	2.6	70	72
2007	1202.92	40	2.7	75	79
2008	1311.85	38	2.9	78	82
2009	1446.24	38	3.2	80	85
2010	1545.27	37	3.5	85	86
2011	1642.18	36	3.6	88	88
2012	1756.76	36	3.6	90	91
2013	2131.12	35	3.8	92	93

3. 评价指标权重的确定

确定了各项具体指标，下面就应该确定各个具体指标的权重。本章采用层次分析法，在专家形成个体判断矩阵的基础上，剔除了一些偏差信息，形成群体判断矩阵。最后再借助软件，形成最终的指标权重（见表6－4）。

表 6－4　宁夏荒漠化治理生态经济系统耦合性评价指标权重

总目标	系统层	标准层		指标层		综合权重
		指　标	权重	指　标	权重	
宁夏荒漠化治理生态经济耦合性指标体系	生态效益	固碳释氧效益（A_1）	0.1693	固碳价值（B_1）	0.5	0.0847
				释氧价值（B_2）	0.5	0.0847
		涵养水源效益（A_2）	0.2848	调节水量价值（B_3）	0.5	0.1424
				净化水质价值（B_4）	0.5	0.1424
		保护土壤效益（A_3）	0.2629	森林固土价值（B_5）	0.5	0.1315
				森林保肥价值（B_6）	0.5	0.1315
		荒漠化土地减少率（A_4）	0.1386	荒漠化土地减少率（B_7）	1	0.1386
		风沙日数减少率（A_5）	0.1443	风沙日数减少率（B_8）	1	0.1443
	社会经济效益	直接经济效益（A_6）	0.3165	林业产值（B_9）	0.3165	0.1002
				人均纯收入（B_{10}）	0.2591	0.082
				人均生产粮食产量（B_{11}）	0.2122	0.0672
				人均生产畜牧品（B_{12}）	0.2122	0.0672
		间接经济效益（A_7）	0.2591	第三产业增长率（B_{13}）	0.5498	0.1425
				农村剩余劳动力转移率（B_{14}）	0.4502	0.1166
		可量化的社会效益（A_8）	0.2122	劳动生产率增加率（B_{15}）	0.1967	0.0417
				农村居民恩格尔系数（B_{16}）	0.4680	0.0993
				科技贡献增长率（B_{17}）	0.3353	0.0712
		潜在的社会效益（A_9）	0.2122	群众对现有生活的满意度（B_{18}）	0.5	0.1061
				群众对治沙工作认同率（B_{19}）	0.5	0.1061

注：B_1—B_{17}的资料来源于1975—2013年《宁夏统计年鉴》。B_{18}和B_{19}来源于问卷调查。通过式（6－7）将B_1—B_{19}的值进行标准化。因为最早的“三北”防护林工程开始于1978年，所以从1978年开始计算耦合度和耦合协调度。

三　宁夏荒漠化治理耦合状况评价

1. 综合指数分析

经过荒漠化治理工程，宁夏生态经济系统的各项耦合值都发生了很大的变化。也表明了该地区的耦合效应发生了根本变化：1978年，生态环境对系统的贡献率为0.0145，2013年这个数值增长为0.4352；社会经济对系统的贡献率在1978年为0.1154，2013年这一数值增长到0.5874；1978年耦合度C值为0.1573，到了2013年，这一数值上升为0.9562；耦合协调度D值由1978年的0.1011增长到2013年的0.6992（其具体结果见表6－5）。以上这些数据说明：经过近30多年的治理，生态环境和社会经济对系统的贡献率呈增长趋势；生态环境和社会经济发展的水平在提高，并且系统中各个要素的协调性也呈增长趋势。由表6－5可知：荒漠化治理工程实施35年以来，虽然宁夏生态环境和社会经济发展的贡献率都在稳步提高，但两者的增长速度不同，前者增长了近30倍，而后者的增长幅度仅为4.09倍。这说明荒漠化治理工程的实施，对宁夏生态环境的改善是显而易见的。但同时也说明，因为宁夏工程实施前的生态环境基数和贡献率比较低，在工程实施初期，基数仅为0.0145。工程实施后虽然有了较大的增长幅度，但是整体基数与生态环境状况较好的地区相比还是较低的，存在相当大的差距。另外分析多年的结果，社会经济评价函数$g(y)$和生态环境综合指数$f(x)$的比值均大于1.2，充分说明了对于同一年而言，社会经济评价函数的值要大于生态环境综合指数的值。对于生态的修正过程要比对经济的修正过程困难。

表6－5　　宁夏荒漠化治理系统耦合效应

年份	$f(x)$	$g(y)$	C	D	$g(y)/f(x)$	生态经济耦合模式
1978	0.0145	0.1154	0.1573	0.1011	7.9586	严重失调衰退类生态损益型
1985	0.0498	0.1302	0.6408	0.2401	2.6145	中度失调衰退类生态损益型
1990	0.0768	0.2332	0.5557	0.2935	3.0365	中度失调衰退类生态损益型
1995	0.0981	0.3637	0.4478	0.3216	3.7074	轻度失调衰退类生态损益型

续表

年份	$f(x)$	$g(y)$	C	D	$g(y)/f(x)$	生态经济耦合模式
1999	0.1104	0.3708	0.5000	0.3468	3.3591	轻度失调衰退类生态损益型
2000	0.1219	0.3971	0.5167	0.3662	3.2577	轻度失调衰退类生态损益型
2001	0.1268	0.4133	0.5164	0.3734	3.2592	轻度失调衰退类生态损益型
2002	0.1391	0.4638	0.5042	0.3899	3.3330	轻度失调衰退类生态损益型
2003	0.1472	0.5146	0.4785	0.3979	3.4963	轻度失调衰退类生态损益型
2004	0.1876	0.5203	0.6070	0.4635	2.7735	濒临失调衰退类生态损益型
2005	0.2436	0.5353	0.7392	0.5365	2.1975	勉强协调发展类生态滞后型
2006	0.2799	0.5632	0.7869	0.5759	2.0121	勉强协调发展类生态滞后型
2007	0.2936	0.5756	0.8006	0.5899	1.9605	勉强协调发展类生态滞后型
2008	0.3271	0.4827	0.9275	0.6128	1.4757	初级协调发展类生态滞后型
2009	0.3543	0.5014	0.9418	0.6348	1.4152	初级协调发展类生态滞后型
2010	0.3727	0.5264	0.9424	0.6509	1.4124	初级协调发展类生态滞后型
2011	0.3962	0.5442	0.9511	0.6687	1.3735	初级协调发展类生态滞后型
2012	0.4183	0.5665	0.9552	0.6858	1.3543	初级协调发展类生态滞后型
2013	0.4352	0.5874	0.9562	0.6992	1.3497	初级协调发展类生态滞后型

2. 工程实施后宁夏耦合效应判断

从1978年到2013年这一阶段，耦合状态由严重失调衰退类生态损益型向初级协调发展类生态滞后型转化。根据表6－5，我们可以将实行荒漠化工程以后，宁夏生态经济耦合演化态势划分为以下两个阶段：

首先，从1978年到2003年这一阶段，耦合状态由严重失调衰退类生态损益型向轻度失调衰退类生态损益型过渡。“三北”防护林工程对宁夏的荒漠化治理起到了一定的作用，1995—2003年一直保持在轻度失调衰退类生态损益型。

其次，从2004年到2013年这几年，耦合状态逐步由濒临失调衰退类生态损益型向初级协调发展类生态滞后型转化。在这一阶段，宁夏为减少脆弱生态环境对经济发展的依赖，改变以往高消耗的经济发展模式，发展绿色农业、循环经济，而且从2004年开始退耕还林、天然林保护等工程的作用逐步发挥出来，系统耦合水平进一步提高。

3. 宁夏生态经济系统耦合发展趋势

按照上述发展规律，通过荒漠化治理工程，宁夏的生态经济系统耦合情况得到了进一步的发展。随着该地区生态高效农业等制度的完善，该地区的经济社会和生态环境将会进一步协调发展，经济社会发展的速度会进一步在资源供给和环境调节的能力控制范围之内，耦合状态将会进一步趋向于和谐状态。

第四节　本章小结

本章考察了宁夏荒漠化治理前后生态环境和社会经济对系统的变化情况，研究了生态环境和社会经济发展的系统耦合状况。1978年，生态环境对系统的贡献率为0.0145，2013年这个数值增长为0.4352；社会经济对系统的贡献率在1978年为0.1154，2013年这一数值增长到0.5874；1978年耦合度C值为0.1573，到了2013年，这一数值上升为0.9562，耦合协调度D值由1978年的0.1011增长到2013年的0.6992。我们可以将实行荒漠化工程以后，宁夏地区生态经济耦合演化态势划分为以下两个阶段：

首先，1978—2003年，耦合状态由严重失调衰退类生态损益型向轻度失调衰退类生态损益型过渡。“三北”防护林工程对宁夏的荒漠化治理起到了一定的作用，1995年到2003年之间一直保持在轻度失调衰退类生态损益型。

其次，2004—2013年，耦合状态逐步由濒临失调衰退类生态损益型向初级协调发展类生态滞后型转化。在这一阶段，宁夏地区为减少脆弱生态环境对经济发展的依赖，改变以往高消耗的经济发展模式，发展绿色农业、循环经济，而且从2004年开始退耕还林、天然林保护等工程的作用逐步发挥出来，系统处于逐步协调发展的状态。

第七章　宁夏荒漠化治理效益研究

第一节　宁夏荒漠化治理效益评价指标体系的建立

一　宁夏荒漠化治理效益指标体系构建原则

效益评价指标体系是按照一定阶层和逻辑关系建立的，反映资源的投入和产出情况，反映各个子系统之间的关系的指标群。[①] 建立科学的指标体系，是客观评价宁夏荒漠化治理综合效益的基础，有利于为后续防沙治沙对策和措施的制定提供基础数据和决策依据。

本书采取层次分析法（AHP），选取了对生态环境、人类发展指数、生活质量指数有重要影响的指标，构建了一套量化程度高、可操作性强的荒漠化治理效益的指标体系，并在此基础上确定了权重，通过对数据的无量纲化处理，确定了评价标准，最终对宁夏荒漠化治理的综合效益进行了评价。

该评价体系先明确了要评价对象的最终目标层，在此基础上确定了系统层，而后确定系统层各个要素的比例关系，最后确定标准层的各个具体指标。目标层是对综合效益的评价；系统层包括对生态、经济和社会各个单项效益的评价；标准层确定了系统层的各个

---

① 郭亚军、姚顺波、李桦：《退耕还林政策对吴起县农业综合生产力的影响分析》，《中国农业科技导报》2008 年第 4 期。

要素以及它们之间的比例关系；指标变量层一般选取能够反映经济社会系统关系变化的变量。

虽然针对的对象的评价目标不同，但是在选取指标体系、进行客观评价的时候应该遵循下面几个基本原则：

1. 代表性原则

荒漠化治理的评价会同时受多个因素的影响。因此，应该剔除那些对系统发展不重要的因素，保留最能反映事物客观规律的指标。只有这样，才能保证评价结果的客观性、真实性。

2. 科学性原则

在可持续发展思想的指导下，遵循各种自然规律和经济规律。选取的指标应该具有科学的概念、明确的范围，评价内容应该包括生态、经济和社会各个方面，评价指标体系应该客观反映评价对象的内涵，并且易于操作。

3. 可比性原则

选取荒漠化效益评价指标时，应该保持指标的时空一致性，以便于数据具有可比性。这样的指标要有统一的量纲，以便于在不同年份对同一类型效益进行比较。

4. 系统整体性原则

荒漠化治理是一个结构复杂、涉及面广、时间跨度长的系统工程，在建立指标体系时，应筛选具有代表性的因子，剔除重叠和冗余指标，确保各个指标变量之间能够形成有序逻辑的关系。

5. 可操作性原则

在构建评价指标体系时，也应该考虑指标数据的可获得性和采集的难易程度，各项指标都可以用数值来量化进行计算，以保障统计资料、调查研究和实验数据的顺利进行。

二　评价指标筛选的方法

效益评价指标选取的方法和第六章相同，都是通过预选指标、发放问卷、再次筛选指标、确定指标权重这样的方式进行的。只是第六章的问卷是关于耦合性评价指标体系的满意度调查表和专家判断矩阵，而本章的问卷是关于效益评价指标体系的满意度调查表和专家判断矩阵。

三　荒漠化治理效益评价指标体系

建立荒漠化治理的生态效益、经济效益和社会效益的指标体系。具体包括以下几个方面：

1. 生态效益评价

对荒漠化治理的改善水土价值、改良土壤效益、净化大气效益等生态效益进行价值评价。

2. 社会效益评价

对荒漠化治理区域的产业结构、人居环境、消费支出和就业情况的变化进行评价，反映了工程对社会经济发展的影响。

3. 经济效益评价

分析了荒漠化治理的工程实施前后农民经济收入的变化、林业产值的增加、人均生产粮食和畜牧品的增加。

图 7－1 中各个指标的含义和图 6－1 各个指标的含义相同。这是

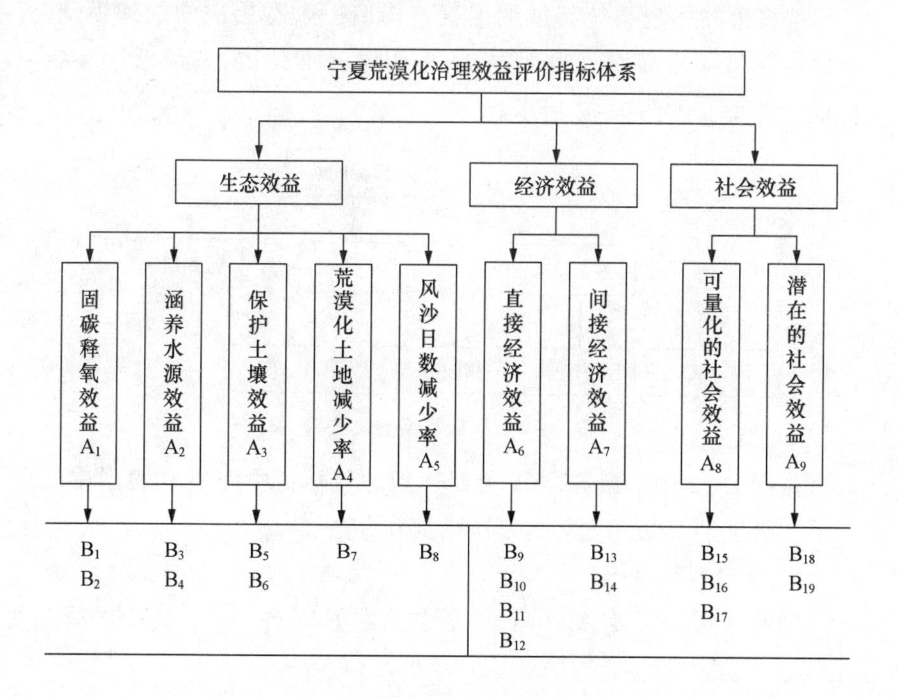

图 7－1　宁夏荒漠化治理效益评价指标体系

因为在进行专家选取指标的时候，选取的荒漠化治理的生态经济系统耦合效应的指标和效益评价的指标是一致的。但是两个指标体系存在以下两点不同之处：(1) 耦合效应评价系统层可以分为生态效益和社会经济效益两部分，而效益评价的系统层包括生态效益、经济效益、社会效益三部分。(2) 这些指标间的权重是不一样的。

第二节　评价指标权重确定方法

本书主要选择层次分析法作为确定评价指标权重的方法。该方法是将和决策有关的元素分解成目标、方案、准则等层次，以此进行定性和定量分析[①]（汪应洛，2003）。

层次分析法包括以下四个步骤：

1. 建立递阶层次结构模型

选择最能体现系统特征的因素，构造一个有层次的结构模型，这些层次包括最高层（目标层）、中间层（准则层）、最低层（指标层）三类，如图 7－2 所示。

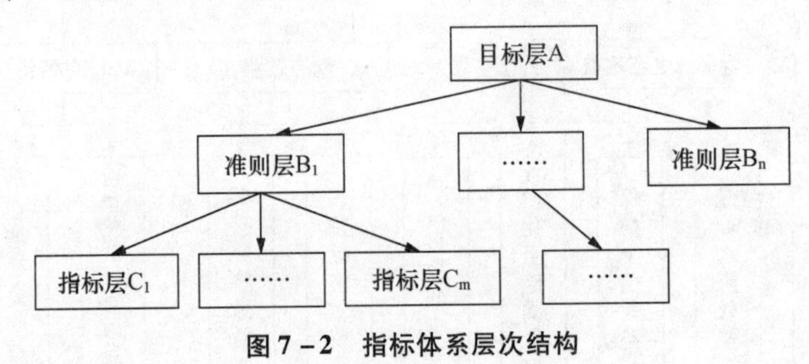

图 7－2　指标体系层次结构

在图 7－2 中，最高层 A 为要达到的目标；中间层 B 表示中间环节；最低层 C 表示具体的解决措施和办法。

2. 构建判断矩阵

判断 A 层中元素 A_k 和下层 P 中元素 P_1，P_2，…，P_n 的联系，

① 汪应洛：《系统工程》，机械工业出版社 2003 年版，第 172 页。

将 P 中元素两两比较重要性，构成下面的判断矩阵：

$$\begin{array}{c|cccc|c} A_k & P_1 & P_2 & \cdots & & P_n \\ \hline p_1 & p_{11} & p_{12} & \cdots & & p_{1n} \\ p_2 & p_{21} & p_{22} & \cdots & & p_{2n} \\ \vdots & \vdots & \vdots & \vdots & & \vdots \\ p_n & p_{n1} & p_{n2} & \cdots & & p_{nn} \end{array} \tag{7-1}$$

式中：$P_{ij}=W_i/w_j$ 表示对 A_k 而言，第 i 个元素（因素）与第 j 个元素（因素）重要度之比。

通常通过1—9标度方法确定判断矩阵中各元素的值，1、3、5、7、9的值分别表示两因素相比，一因素比另一因素同样重要、稍微重要、明显重要、强烈重要、极端重要。2、4、6、8表示上述相邻判断的中间值。

3. 邀请专家填写判断矩阵，进行层次单排序及一致性检验，根据专家填写的判断矩阵来确定该矩阵的权数，并进行检验

4. 总排序及一致性检验

各因素对于最高层（目标层）相对重要性的排序权值。并作一致性检验，计算公式如式（7-2）所示。

$$CR=\frac{CI}{RI}=\frac{\sum_{j=1}^{m}a_jCI_j}{\sum_{j=1}^{m}a_jRI_j} \tag{7-2}$$

层次分析法的最大特点是可以定性和定量相结合地处理问题，对于因素复杂的系统，有助于决策人员保持思维过程和决策原则的一致性。

第三节　指标权重的确定

本书运用层次分析法，借助判断矩阵计算出荒漠化治理的生态效益、经济效益和社会效益的指标权重。三者的权重分别为0.648、

0.2298和0.1222。其中生态效益的权重最高（见表7-1）。

表7-1　系统层指标权重计算

决策目标	生态效益	经济效益	社会效益	W_i
生态效益	1	0.58	1.12	0.648
经济效益	0.58	1	1.8211	0.2298
社会效益	0.8929	0.5488	1	0.1222

注：$\lambda_{max}=3.065$；$CR=0.0029<0.10$。

1. 生态效益判断矩阵的计算

表7-2是从O_1到A的转换矩阵。在各类生态效益评价指标中，涵养水源效益和保护土壤效益的权重最大。固碳释氧效益和风沙日数减少率的权重也较高。

表7-2　生态效益指标权重

O_1	A_1	A_2	A_3	A_4	A_5	W_i
A_1	1.0000	0.4493	0.5488	1.4918	1.4918	0.1693
A_2	2.2255	1.0000	1.0000	1.8221	1.8221	0.2848
A_3	1.8221	1.0000	1.0000	1.8221	1.4918	0.2629
A_4	0.6703	0.5488	0.6703	0.8187	1.0000	0.1386
A_5	0.6703	0.5488	0.5488	1.0000	1.2214	0.1443

注：A_1为固碳释氧效益；A_2为涵养水源效益；A_3为保护土壤效益；A_4为荒漠化土地减少率；A_5为风沙日数减少率。$\lambda_{max}=5.0627$；$CR=0.0140<0.10$。

表7-3至表7-7是生态效益的下级指标的转化矩阵。

表7-3　固碳释氧效益矩阵

A_1	B_1	B_2	W_i
B_1	1.0000	1.0000	0.5000
B_2	1.0000	1.0000	0.5000

注：B_1为固碳价值；B_2为释氧价值。$\lambda_{max}=2.0000$；$CR=0.0000<0.10$。

表 7-4　　涵养水源效益矩阵

A_2	B_3	B_4	W_i
B_3	1.0000	1.0000	0.5000
B_4	1.0000	1.0000	0.5000

注：B_3 为调节水量价值；B_4 为净化水质价值。$\lambda_{max}=2.0000$；$CR=0.0000<0.10$。

表 7-5　　保护土壤效益矩阵

A_3	B_5	B_6	W_i
B_5	1.0000	1.0000	0.5000
B_6	1.0000	1.0000	0.5000

注：B_5 为森林固土价值；B_6 为森林保肥价值。$\lambda_{max}=2.0000$；$CR=0.0000<0.10$。

表 7-6　　荒漠化土地减少率矩阵

A_4	B_7	W_i
B_7	1.0000	1.0000

注：B_7 为荒漠化土地减少率。$\lambda_{max}=2.0000$；$CR=0.0000<0.10$。

表 7-7　　风沙日数减少率矩阵

A_5	B_8	W_i
B_8	1.0000	1.0000

注：B_8 为风沙日数减少率。$\lambda_{max}=2.0000$；$CR=0.0000<0.10$。

2. 经济效益判断矩阵的计算

经济效益矩阵包括直接经济效益和间接经济效益两个指标，具体权重见表 7-8、表 7-9 和表 7-10。

表 7-8　　经济效益指标权重

O_2	A_6	A_7	W_i
A_6	1.0000	1.8221	0.6457
A_7	0.5488	1.0000	0.3543

注：A_6 为直接经济效益；A_7 为间接经济效益。$\lambda_{max}=2.0000$；$CR=0.0000<0.10$。

表 7－9　　　　直接经济效益矩阵

A_6	B_9	B_{10}	B_{11}	B_{12}	W_i
B_9	1.0000	1.2214	1.4918	1.4918	0.3165
B_{10}	0.8187	1.0000	1.2214	1.2214	0.2591
B_{11}	0.6703	0.8187	1.0000	1.0000	0.2122
B_{12}	0.6703	0.8187	1.0000	1.0000	0.2122

注：B_9 为林业产值；B_{10} 为人均纯收入；B_{11} 为人均生产粮食产量；B_{12} 为人均生产畜牧品。

表 7－10　　　　间接经济效益矩阵

A_7	B_{13}	B_{14}	W_i
B_{13}	1.0000	1.2214	0.5498
B_{14}	0.8187	1.0000	0.4502

注：B_{13} 为第三产业增长率；B_{14} 为农村剩余劳动力转移率（农村就业率）。$\lambda_{max} = 2.0000$；$CR = 0.0000 < 0.10$。

3. 社会效益判断矩阵的计算

在社会效益指标矩阵中，主要对可量化的社会效益和潜在的社会效益两个指标之间的相对重要性进行比较（见表 7－11）。

表 7－11　　　　社会效益指标权重

O_3	A_8	A_9	W_i
A_8	1.0000	2.7183	0.7311
A_9	0.3679	1.0000	0.2689

注：A_8 为可量化的社会效益；A_9 为潜在的社会效益。$\lambda_{max} = 2.0000$；$CR = 0.0000 < 0.10$。

表 7－12 和表 7－13 为社会效益的下级指标的权重数值。

表 7－12　　　　　　　　可量化的社会效益矩阵

A_6	B_{15}	B_{16}	B_{17}	W_i
B_{15}	1.0000	0.4493	0.5488	0.1967
B_{16}	2.2255	1.0000	1.4918	0.4680
B_{17}	1.8221	0.6703	1.0000	0.3353

注：B_{15}为劳动生产率增加率（平方米/人）；B_{16}为农村居民恩格尔系数；B_{17}为科技贡献率增长率。$\lambda_{max}=3.0044$；$CR=0.0043<0.10$。

表 7－13　　　　　　　　潜在的社会效益矩阵

A_9	B_{18}	B_{19}	W_i
B_{18}	1.0000	1.0000	0.5000
B_{19}	1.0000	1.0000	0.5000

注：B_{18}为群众对现有生活的满意度；B_{19}为群众对治沙工作的认同率。$\lambda_{max}=2.0000$；$CR=0.0000<0.10$。

4. 各具体指标对总指标的权重计算

有了以上的各项权重，就可以计算各具体指标对目标层总指标的权重，如表 7－14 所示。

表 7－14　　宁夏荒漠化治理效益评价指标体系各指标的权重

<table>
<tr><th>总目标</th><th>系统层</th><th>权重</th><th>标准层</th><th>分领域权重</th><th>指标层</th><th>权重</th></tr>
<tr><td rowspan="8">宁夏荒漠化治理效益评价指标体系</td><td rowspan="8">生态效益</td><td rowspan="8">0.648</td><td rowspan="2">固碳释氧效益</td><td rowspan="2">0.1693</td><td>固碳价值</td><td>0.0549</td></tr>
<tr><td>释氧价值</td><td>0.0549</td></tr>
<tr><td rowspan="2">涵养水源效益</td><td rowspan="2">0.2848</td><td>调节水量价值</td><td>0.0923</td></tr>
<tr><td>净化水质价值</td><td>0.0923</td></tr>
<tr><td rowspan="2">保护土壤效益</td><td rowspan="2">0.2629</td><td>森林固土价值</td><td>0.0852</td></tr>
<tr><td>森林保肥价值</td><td>0.0852</td></tr>
<tr><td>荒漠化土地减少率</td><td>0.1386</td><td>荒漠化土地减少率</td><td>0.0898</td></tr>
<tr><td>风沙日数减少率</td><td>0.1443</td><td>风沙日数减少率</td><td>0.0935</td></tr>
</table>

续表

总目标	系统层	权重	标准层	分领域权重	指标层	权重
宁夏荒漠化治理效益评价指标体系	经济效益	0.2298	直接经济效益	0.6457	林业产值	0.047
					人均纯收入	0.0385
					人均生产粮食产量	0.0315
					人均生产畜牧品	0.0315
			间接经济效益	0.3543	第三产业增长率	0.0448
					农村剩余劳动力转移率（农村就业率）	0.0367
	社会效益	0.1222	可量化的社会效益	0.7311	劳动生产率增加率	0.0175
					农村居民恩格尔系数	0.0417
					科技贡献增长率	0.0299
			潜在的社会效益	0.2689	群众对现有生活的满意度	0.0164
					群众对治沙工作的认同率	0.0164

第四节　评价指标值标准化方法和评价等级划分

一　评价指标值标准化方法

荒漠化治理的效益评价各个指标的单位不一致，所以应该对它们进行无量纲化处理。无量纲化方法一般包括直线型、折线型、曲线型无量纲化三类。本书选取比率计算法进行无量纲化处理，如式（6－7）、式（6－8）所示。

二　综合效益指数的计算

确定综合指数的方法有指数和法、指数积法、指数加乘混合法这几类。

本书采用指数和法对荒漠化治理的综合效益进行评价，计算综合指数的公式为：

$$P(O) = \sum_{i=1}^{n} W_{ci} \times P(C_i) \tag{7-3}$$

式中：$P(O)$为综合指数评价值，$P(C_i)$为单个指标量化值，W_{ci}为各单项指标权重。荒漠化治理效益综合指数越大，表明区域生态系统越好。

三　评价等级划分

本书选取五个等级界定计算得出的荒漠化治理工程综合效益指数来表达工程的可持续性，如表7-15所示。

表7-15　荒漠化治理效益评价分类

综合指数区间	0.00≤P<0.2	0.2≤P<0.4	0.4≤P<0.6	0.6≤P<0.8	0.8≤P<1
级别	差	较差	中等	良好	优秀

第五节　宁夏荒漠化治理效益评价

根据以上数据的原始值（生态效益指标原始值见第四章，经济效益和社会效益指标原始值分别见表6-2和表6-3），可以计算出1978—2013年的荒漠化治理综合效益值，具体结果见表7-16。

表7-16　宁夏不同时期荒漠化治理效益评价结果

年份	1978	1985	1990	1995	2000	2001	2002	2003	2004
综合效益	0.16	0.21	0.24	0.27	0.29	0.30	0.32	0.33	0.40
级别	差	较差	较差	较差	较差	较差	较差	较差	中等
年份	2005	2006	2007	2008	2009	2010	2011	2012	2013
综合效益	0.43	0.45	0.48	0.49	0.51	0.54	0.56	0.60	0.62
级别	中等	中等	中等	中等	中等	中等	中等	良好	良好

从表7－16可以得出宁夏不同时期荒漠化治理综合成效。我们可以将宁夏的荒漠化治理分为以下几个阶段：

1. 初步发展阶段（1978—2000年）

1978年宁夏荒漠化治理的综合效益为0.16，治理效益级别属于差等级，生态环境极其恶劣，群众收入水平低，且缺乏对荒漠化治理工作的认同和支持。究其原因，这个时候虽然开始实施了“三北”防护林工程，但是，由于受宁夏气候干燥少雨等因素的影响，许多新造林地的郁闭期为4年才能充分发挥生态效益。所以这个时候，宁夏荒漠化治理的综合效益还是属于差的级别。1985年，宁夏荒漠化治理的综合效益值有所提高，达到0.21，“三北”防护林对生态和经济社会的改善作用初步显示出来。但是，由于宁夏的自然条件比较恶劣，治理的基点比较差，所以这个时候的治理效益属于较差级别，全区的生态系统不够稳定，荒漠化较严重，人均收入在中等水平以下，当地群众对荒漠化治理认同一般。从1985年后，全区的荒漠化治理效果明显显示出来，截至2000年，“三北”防护林前三期在宁夏累计造林面积约为95万公顷，综合效益指数从1978年的0.16提高到2000年的0.29，虽然评价级别仍然属于较差级别，但是综合效益提高了81%。

2. 稳步增长阶段（2000—2003年）

2000年以后，国家在宁夏实行了退耕还林工程、“三北”防护林四期工程、天然林保护工程。这几年各项工程累计造林面积约为60多万公顷，封山育林面积约为10万公顷。对宁夏的荒漠化治理起到了积极的促进作用。但是由于林业工程的周期较长，所以这一阶段并没有出现生态效益的飞速增长。社会效益和经济效益的共同作用推动了综合效益的提高。截至2003年，宁夏的荒漠化治理效益为0.33，还属于较差的状态。

3. 持续增长阶段（2004—2013年）

2004年以后，随着新造林在改善生态环境、防风固沙方面起到的积极作用，工程的综合效益值也在持续增长。2004年综合效益值为0.40，治理效果由原来的较差类型逐步向中等过渡。2012年，荒漠化治理的综合效益值为0.60，初步达到了良好的状态。到2013年，综合效益值达到了0.62，约为1978年的3.88倍。宁夏生态系统基本稳定，群众收入提高，并且积极主动地支持荒漠化治理工作。宁夏通过30多年的荒漠化治理，取得了较为稳定的生态效益、经济效益和社会效益，为宁夏的可持续发展奠定了良好的基础。

第六节　宁夏荒漠化治理生态经济系统耦合和效益评价的关系

通过对上述宁夏荒漠化治理生态经济系统耦合和效益评价的研究，我们可以总结出以下两点：

1. 生态经济系统耦合状况协调有助于综合效益的提高

1978—2013年，宁夏荒漠化治理的耦合状态由严重失调衰退类生态损益型向初级协调发展类生态滞后型转化，综合效益评价的值从0.16增长到了0.62，治理效益的级别从差的等级向良好状态转化。这说明系统间各个要素的协调性越来越强，系统呈良性发展，这种良性发展从某种程度上可以促进系统综合效益的提高。从划分阶段来看，受“三北”防护林工程的影响，1978—2003年，耦合状态由严重失调衰退类生态损益型向轻度失调衰退类生态损益型过渡。这时候综合效益的值也有所提高。2004—2013年，退耕还林等政策的积极作用显现出来，促进了地区生态经济的发展，耦合状况趋于协调，综合效益也有了较大的提高。

2. 对生态系统的修正要比社会经济系统困难

荒漠化治理工程实施以后，虽然宁夏生态环境的贡献率有了较大的提高，但是因为该地区生态效益的基数比较低，所以与其他地区相比还有较大的差距。通过研究，我们还发现，无论是在耦合的过程中，还是在效益评价的过程中，对生态系统的改善要比社会经济系统困难。通过对系统耦合度的研究，我们发现社会经济评价函数 $g(y)$ 和生态环境综合指数 $f(x)$ 的比值均大于1.2，充分说明了对于同一年来说，社会经济评价函数的值要大于生态环境综合指数的值。在生态效益的发展中也出现过这样的现象，生态效益的增长速度比经济社会效益的增长速度要滞后一些。这是因为林业工程具有周期性，生态效益的发挥需要经过一定的过程，往往社会经济效益的增长速度会更高一些。这也充分说明了对于生态的修正过程要比对经济的修正过程困难。因此，在以后的治理过程中，应该采取积极的措施，改善荒漠化地区的生态系统环境。

第七节　本章小结

本章对宁夏荒漠化治理效益进行了评价。首先在科学性、代表性、系统整体性等原则的指导下构建了宁夏荒漠化治理效益评价指标体系，运用层次分析法确定了各分项指标和总指标权重。然后对宁夏荒漠化治理的不同阶段的综合效益进行了评价。该地区的综合效益在逐步提高：从 1978 年的 0.16 增长到 2004 年的 0.40，治理级别从差向中等转化；到 2012 年综合效益值达到 0.60，治理效益向良好等级发展。

通过对上述宁夏荒漠化治理生态经济系统耦合和效益评价的研究，我们可以得出下面的结论：

（1）生态经济系统耦合状况协调有助于综合效益的提高。系统间各个要素的协调性越来越强，系统呈良性发展。这种良性发展从某种程度上可以促进系统综合效益的提高。

（2）对生态系统的修正要比社会经济系统困难。通过对系统耦合度的研究，我们发现该地区社会经济评价函数 $g(y)$ 和生态环境综合指数 $f(x)$ 的比值均大于 1.2，充分说明了对于同一年来说，社会经济评价函数的值要大于生态环境综合指数的值。在生态效益的发展中也出现过这样的现象，生态效益的增长速度比经济社会效益的增长速度要滞后一些。因此，在以后的治理过程中，应该采取积极的措施，改善荒漠化地区的生态系统环境。

第八章　主要结论与政策建议

第一节　主要结论

土地荒漠化不仅是全球面临的重大生态环境问题，而且也成为经济社会可持续发展的制约因素。在这种情况下，采取有效措施进行荒漠化治理有着重要的意义。在荒漠化治理过程中，如何有效地利用投入资金，如何提高治理效果，如何在治理过程中同时兼顾生态利益、经济利益、社会利益，如何切实提高农牧民的生活水平。这都是值得我们认真研究的问题。

本书将规范研究和实证研究、定量研究与定性研究相结合，将生态学、生态经济学、系统学、景观生态学的理论和方法与宁夏荒漠化治理的实践相结合，描述了荒漠化治理工程对区域生态环境和社会经济的影响，分析了工程对农业综合生产力、农户生产效率、农民收入结构和消费结构的影响，运用能值理论研究了宁夏荒漠化治理前后的生态经济效应，运用耦合度模型和耦合协调度模型研究了生态经济系统的耦合协调状况，在此基础上对工程的综合效益进行了定量的评价。主要研究内容和创新性如下：

（1）根据政府和市场对荒漠化治理工作参与程度的不同，将宁夏的荒漠化治理的管理模式分为三种类型，即政府主导型、政府推动型、市场导向型。分析了政府主导型的荒漠化治理制度内部运行机制和该制度的优势和缺点。“三北”防护林制度和退耕还林制度是典型的政府主导型的荒漠化治理模式，前者主要靠政府的强制驱动力实施，后者则是有农户被动参与的一种荒漠化治理模式。研究了宁夏在引进德援项目过程中参与式管理的运作机制。构建了以政府调控为核心，以农户和委托公司为第三方的市场化生态环境治理制度框架。

（2）荒漠化治理对生态环境和社会经济的影响。选取涵养水源、固碳释氧、净化空气等指标，运用市场价值法、费用替代法等方法研究了荒漠化治理生态系统服务功能及价值的时空变化。研究了工程实施前后宁夏的农业综合生产力、农户生产效率、经济收入和农户消费结构等几个方面的变化情况。结果表明：在对农业综合生产力的影响方面，在没有实施荒漠化治理工程以前，农作物播种总面积、农业劳动力、化肥投入量对农业总产值影响较大。实施荒漠化治理工程以后，农业劳动力投入的弹性系数减少 0. 079，土地的生产弹性系数从 3. 442 上升为 4. 081。化肥投入量的生产弹性系数略有增加。荒漠化治理政策自身对于农业总产值的贡献度为 0. 247。对农户农业生产效率的影响分析：实施荒漠化治理工程后，农户的农业生产技术效率和综合效率逐步提高，规模效率则出现先增长后下降的趋势。工程实施后，劳动力、化肥、农药的施用量，种子和地膜的使用量等农业生产资源投入和产出松弛均呈减少趋势。农民收入呈现增加趋势，收入结构趋向多样化；工程实施后农民的消费结构得到了优化。

（3）荒漠化治理生态经济效应研究。运用能值理论和方法，通过分析宁夏荒漠化治理工程实施前后生态经济系统投入和产出的变化情况，评价了该地区荒漠化治理的生态经济效应。研究表明：从 1975—2013 年，宁夏生态系统年总投入能值和总输出能值均呈现增长趋势，产出的增长幅度大于投入幅度。年投入量由 1975 年的 6. 98E + 22sej 增长到 2013 年的 8. 43E + 22sej，增长了 20. 77%，但年总能值产出由 1975 年的 1. 75E + 22sej 增长为 2013 年的 2. 64E + 22sej，增长了 50. 86%。这说明宁夏产出量的增长幅度大于投入增长幅度。在能值投入结构方面：工业辅助能呈现增长趋势；不可更新环境资源投入量呈现下降趋势，表明荒漠化治理对减少水土流失具有积极的作用；可更新有机能投入量也出现下降趋势。总能值产出结构向多元化方向发展，改变了以往种植业占绝对优势的局面，林业的能值产出增长较快。能值投资率和环境负载率经历了先增加后下降的趋势，净能值产出率呈现先增后减再增长的趋势。说明荒漠化治理后系统的功能逐步完善，生态和经济向协调方向发展。

（4）通过建立耦合度和耦合协调度模型，运用了层次分析法，研究了宁夏荒漠化治理的生态经济系统耦合情况。实践证明，宁夏荒漠化治理的生态水平有了较大幅度的提高，系统的耦合状况从最初的严重失调衰退类生态损益型过渡到初级协调发展类生态滞后型，系统的耦合水平在逐年提高。但是，由于自然条件和工程实施的长期性等因素的制约，宁夏生态系统的耦合协调状况大多处于初级协调发展型，没有出现中级或者良好的状态。

（5）建立了宁夏荒漠化治理效益评价指标体系和评价模型，对荒漠化治理工程实施前后的综合效益进行评价，该地区的综合效益在逐步提高：从1978年的0.16增长到2004年的0.40，治理级别从差的级别向中等转化；到2012年综合效益值达到0.60，治理效益向良好等级发展。通过对上述宁夏荒漠化治理生态经济系统耦合和综合效益评价的研究，我们还得出下面的结论：首先，生态经济系统耦合状况协调有助于综合效益的提高。系统间各个要素的协调性越来越强，系统呈良性发展。这种良性发展从某种程度上可以促进系统综合效益的提高。其次，由于林业工程的周期性，生态系统各项功能的发挥具有滞后性，因此对生态系统的修正要比社会经济系统困难。

第二节　政策建议

荒漠化治理是涉及中央政府、各级地方政府和农民的一项系统工程，在工程的建设过程中，建立各种完善的保障制度，协调各方面的利益关系，追求经济利益、社会利益和生态利益的全面均衡发展。提高荒漠化治理的综合效益，提升生态经济系统的耦合性。

一　建立完善的组织和资金保障体系

荒漠化治理是宁夏国民经济和社会发展的重点工程，宁夏各级地方政府应明确自己的建设任务，对工程建设任务全面负责。各级政府应该对建设任务的主要指标实行任期目标管理，把当年计划任务完成指标和往年林木保存指标纳入各级政府的目标管理体系，层层签订目标责任书，严格考核、严格奖惩。各级党委要把工程建设任务落实情况作为干部考核任用的依据之一，确保政府主要负责人为第一责任人。林业、农牧、水利、扶贫、科技等部门既各负其责又密切协作，充分发挥各方面的积极性，共同进行荒漠化治理工程。①

加大政府公共财政对工程的投入保障，同时建立以公共财政投入为主，多渠道融资为辅的林业投入保障体系，确保林业建设有稳定的资金投入。吸引私人资本、外资进入荒漠化治理领域。②

二　建立完善的法律保障体系

2010 年出台的《宁夏防沙治沙条例》，为宁夏防沙治沙提供了法律保障，同时也为社会力量参与沙化治理和沙产业开发提供了政策依据。以后在具体工作中，应该在立法、执法、执法队伍建设等方面加强对荒漠化治理的保障。各级地方政府要用立法的形式保障工程的顺利实施和建设目标的实现；要加强执法力度，依法保护森林、湿地、野生动植物和林地资源，严格种苗管理，严厉打击滥砍盗伐林木、乱垦滥占林地等犯罪行为。要继续建立健全各级林业执法机构，强化执法队伍建设，落实执法监督制度和措施，规范执法行为，促进依法行政。并且通过整合荒漠化治理相关行政主管部门的监测监督机构，建立健全荒漠化治理相关的资源状况监测、资源利用监督体系、法规执行监测体系，依法进行荒漠化治理。加强群

---

① 董光荣、吴波、慈龙骏、周欢水、卢琦、罗斌：《我国荒漠化现状、成因与防治对策》，《中国沙漠》1999 年第 4 期。

② 侯天琛：《“僵化”的大地：土地荒漠化及其治理》，《生态经济》2013 年第 10 期。

众的法制意识，避免出现农民复垦等追求短期利益的行为。

三　健全荒漠化治理技术推广体系

通过前面对农户数据的研究，我们发现，从1999年到2013年，退耕农户的农业生产技术效率逐步提高。这说明，在荒漠化治理中，科技水平的提高起着重要的作用。因此，应该建立一套完善的应用技术体系，提高科技含量，提高科研成果的应用率、转化率和贡献率。加强对关键性技术问题的研究和开发，重点开展适合宁夏地区的沙地高效治理技术、沙地节水技术、土壤改良技术、林果草经混作技术、抗逆性植物材料选育技术、荒漠化治理景观建设技术、3S与荒漠化治理集成应用技术等工程建设中急需的关键技术。

在荒漠化地区的农牧业、林业、水利科技方面，加强科技研究，推广基础设施建设，对林业行政管理人员、专业技术人员、经营管理人员定期进行培训，提高他们的服务意识和服务质量。鼓励科研机构、高等院校和研发企业积极参与荒漠化治理科技推广。例如依托宁夏的高校和科研院所为荒漠化治理地区培养治沙科技人才。①

四　深化土地和林权制度改革

（1）完善现有的土地使用和管理制度。为了鼓励农民积极进行荒漠化治理，应该坚持“土地谁使用，谁建设，谁受益”的原则，完善有关土地承包、租赁、四荒地拍卖的制度。为了使荒漠化治理效果能够得到长期保障，可以允许承包、继承、转让和抵押沙化土地。并且适当延长这类土地的使用年限。例如可以将沙化土地的承包租赁年限放宽到30—50年，流动半流动沙地的使用年限放宽到70年。

（2）深化林权制度改革。部分林地存在使用权和所有权不明晰、经营主体不落实、经营机制不灵活、责权利不统一、林业综合效益难以充分发挥等问题，制约了林业生产力的进一步发展。② 宁夏大多数林地属于乔灌结合林或灌木林，经济效益较差，在这种情

---

① 马正党：《青海省土地荒漠化现状及其治理》，《攀登》2002年第5期。

② 丛培林：《土地荒漠化及其防治研究概述》，《内蒙古科技与经济》2013年第17期。

况下只有通过林权制度改革，给予群众林地的使用权，才能调动群众造林的积极性。2009 年宁夏通过了《自治区人民政府关于开展集体林权制度改革试点工作的意见》（宁政发〔2009〕102 号），在永宁、盐池和彭阳 3 县整体推进，其他各县（市、区）选择 1—3 个乡镇进行试点，进行林权制度的改革。目前，基本完成试点任务，确权集体林地 761.3 万亩，发放林权证 13 万本，有效地调动农民和企业进行荒漠化治理的积极性。制定规范的林地流转制度及相关配套制度。完善林权抵押贷款制度、森林保险制度等配套措施，保护农民的权益。

认真落实集体林权制度改革的各项优惠政策，放手发展非公有制林业，对工程建设中营造一定规模的生态林，可以面向社会招标，公布建设内容，国家投资数额，让国有、集体、个体等各种所有制的林业经营主体平等参与、公平竞争。

五　积极发展沙产业和生态旅游业

可以利用宁夏沙化土地上丰富的光热风等优势资源，发展以自然资源开发为主导的新型沙产业。截至 2013 年，宁夏的沙产业总产值已经达到 35 亿元以上，沙区经果林和沙生灌木林的面积达到 100 多万公顷，年产值约为 16 亿元以上；沙生药材种植面积约为 13 万公顷，产值达到 1 亿元；开发的以沙生灌草为主的系列饲料产品有效解决了 100 余万只羊的舍饲养殖问题。利用现有自然资源，积极发展太阳能发电和生物质能源建设。利用封沙育林、流动沙地治理、临沙湿地保护的成果，以沙地植物景观、沙漠景观为基础，结合沙地健身运动、休闲娱乐、沙漠拓展训练等项目发展沙区旅游业。依靠沙土资源，带动旅游、观光、休闲产业的发展。

第三节　研究局限与未来研究方向

一　研究局限

本书的不足之处主要表现在三个方面：

（1）在各项具体评价指标的选择上，虽然经过了频度筛选和实地调研，并且广泛征求了专家的意见，最后构建了荒漠化综合效益评价指标体系。但是对各指标之间的相关性的研究还不够完善。

（2）层次分析法在设置权重的过程中可能会受主观因素的干扰，因此会给最终评价结果带来一定的主观性。以后在评价方法上，可以尝试选取两种以上的混合评价方法。

（3）对生态经济系统耦合和综合效益评价的关系，还缺乏全面科学的论述。

二　未来研究方向展望

（1）荒漠化治理综合效益评价的方法虽然很多，但是随着社会的智能化和人性化发展，以及荒漠化治理可持续发展评价过程中本身存在的不确定性，采用区间数或模糊数进行评价是符合客观事实的，因此，可以采取混合型可持续发展评价方法，使评价结果更为合理、客观和科学。

（2）根据地域和自然条件的不同，研究各因子之间的相关性和权重的关系，构建最能反映研究区特色的荒漠化治理综合效益评价指标体系。

（3）为了避免以刚性值域划分带来的误差，建立动态的划分模型，完善荒漠化治理生态经济系统耦合协调状况的评判标准。

附　录

附录1：宁夏荒漠化治理生态系统耦合协调性评价指标体系调查问卷

各位专家、学者、基层工作者：

您好！为了对宁夏荒漠化治理生态效益、社会影响进行全面客观评价，我们通过理论预选，从生态效益、经济社会方面选取了50个指标，这些指标采用的是随机排序，请您在百忙之中对两个方面的指标分别以1、2、3、4……的顺序给出其重要程度，标在后面的括号内，以1表示最重要，2表示次之……以此类推。非常感谢您对我们工作的支持！并希望您多提宝贵意见。

指　标	排序	指　标	排序
一、生态效益指标			
（1）森林防护指标	（　）	（2）释氧价值	（　）
（3）湿地面积	（　）	（4）净化水质价值	（　）
（5）森林固土价值	（　）	（6）土壤侵蚀模数	（　）
（7）物种保育价值	（　）	（8）风沙日数减少率	（　）
（9）积累营养物质	（　）	（10）净化大气环境	（　）
（11）固碳价值	（　）	（12）控制水土流失面积	（　）
（13）森林覆盖率	（　）	（14）森林蓄积量	（　）
（15）调节水量价值	（　）	（16）森林保肥价值	（　）
（17）荒漠化土地减少率	（　）	（18）年径流系数	（　）

续表

指　标	排序	指　标	排序
二、经济社会指标			
(1) 人均纯收入	( )	(2) 人均生产粮食产量	( )
(3) 林业产值	( )	(4) 第三产业增长率	( )
(5) 群众对现有生活的满意度	( )	(6) 人均生产畜牧品	( )
(7) 农村居民恩格尔系数	( )	(8) 农村妇女收入占家庭收入比重	( )
(9) 人均耕地面积	( )	(10) 政府间利益关系	( )
(11) 公众对治沙工作的意愿	( )	(12) 地方 GDP	( )
(13) 林地面积	( )	(14) 土地利用结构	( )
(15) 人口自然增长率	( )	(16) 农林牧渔业劳动力占农村劳动力比重	( )
(17) 农村干群及邻里关系	( )	(18) 群众对治沙工作的认同率	( )
(19) 儿童入学率	( )	(20) 人均住房面积	( )
(21) 城镇化水平	( )	(22) 农村城镇人口占农村总人口比重	( )
(23) 农村基层组织数量	( )	(24) 人均生产畜牧品增加率	( )
(25) 地方财政收支	( )	(26) 劳动生产率增加率	( )
(27) 科技进步贡献率	( )	(28) 每千人拥有医生数	( )
(29) 农民市场观念	( )	(30) 科技贡献率增长率	( )
(31) 农民参加科技培训情况	( )	(32) 主要农作物单产	( )

附录 2：宁夏荒漠化治理生态系统耦合协调性评价指标体系专家判断矩阵

各位专家、学者：

您好！为了对宁夏荒漠化治理生态系统耦合协调性进行综合评价，需要建立综合评价模型并确定指标的权重，我们从生态效益和社会经济效益两个方面选取了以下 19 个指标，现在需要您在百忙之中对每一领域内的指标进行两两比较，判断出其相对重要性。具体确定方法是：

1 表示 A、B 两个要素同等重要；则取 $b_{ij}=1$，$b_{ji}=1$

3 表示 A 要素比 B 要素稍微重要；则取 $b_{ij}=3$，$b_{ji}=1/3$

5 表示 A 要素比 B 要素较重要；则取 $b_{ij}=5$，$b_{ji}=1/5$

7 表示 A 要素比 B 要素重要得多；则取 $b_{ij}=7$，$b_{ji}=1/7$

9 表示 A 要素比 B 要素极端重要；则取 $b_{ij}=9$，$b_{ji}=1/9$

中间数 2、4、6、8 表示相应两者的中间级别；$b_{ji}=1/2$、1/4、1/6、1/8

非常感谢您对我们工作的支持！并希望您多提宝贵意见。

附表 1　　生态效益判断矩阵

生态效益 O_1	固碳释氧效益 A_1	涵养水源效益 A_2	保护土壤效益 A_3	荒漠化土地减少率 A_4	风沙日数减少率 A_5
固碳释氧效益 A_1	1				
涵养水源效益 A_2		1			
保护土壤效益 A_3			1		
荒漠化土地减少率 A_4				1	
风沙日数减少率 A_5					1

附表 2　　社会经济效益判断矩阵

社会经济效益 O_2	直接经济效益 A_6	间接经济效益 A_7	可量化的社会效益 A_8	潜在的社会效益 A_9
直接经济效益 A_6	1			
间接经济效益 A_7		1		
可量化的社会效益 A_8			1	
潜在的社会效益 A_9				1

附表 3　　固碳释氧效益矩阵

固碳释氧效益 A_1	固碳价值 B_1	释氧价值 B_2
固碳价值 B_1	1	
释氧价值 B_2		1

附表 4　　涵养水源效益矩阵

涵养水源效益 A_2	调节水量价值 B_3	净化水质价值 B_4
调节水量价值 B_3	1	
净化水质价值 B_4		1

附表 5　　保护土壤效益矩阵

保护土壤效益矩阵 A_3	森林固土价值 B_5	森林保肥价值 B_6
森林固土价值 B_5	1	
森林保肥价值 B_6		1

附表 6　　直接经济效益矩阵

直接经济效益 A_6	林业产值 B_9	人均纯收入 B_{10}	人均生产粮食 B_{11}	人均生产畜牧品 B_{12}
林业产值 B_9	1			
人均纯收入 B_{10}		1		
人均生产粮食 B_{11}			1	
人均生产畜牧品 B_{12}				1

附表 7　　间接经济效益矩阵

间接经济效益 A_7	第三产业增长率 B_{13}	农村剩余劳动力转移率 B_{14}
第三产业增长率 B_{13}	1	
农村剩余劳动力转移率 B_{14}		1

附表 8　　可量化的社会效益矩阵

可量化的社会效益 A_8	劳动生产率增加率 B_{15}	农村居民恩格尔系数 B_{16}	科技贡献率增长率 B_{17}
劳动生产率增加率 B_{15}	1		
农村居民恩格尔系数 B_{16}		1	
科技贡献率增长率 B_{17}			1

附表 9　　潜在的社会效益矩阵

潜在的社会效益 A_9	群众对现有生活的满意度 B_{18}	群众对治沙工作的认同率 B_{19}
群众对现有生活的满意度 B_{18}	1	
群众对治沙工作的认同率 B_{19}		1

附录 3：宁夏荒漠化治理综合效益评价指标体系调查问卷

各位专家、学者、基层工作者：

您好！为了对宁夏荒漠化治理生态效益、社会影响进行全面客观评价，我们通过理论预选，从生态效益、经济、社会方面选取了50个指标，这些指标采用的是随机排序，请您在百忙之中对三个方面的指标分别以1、2、3、4……的顺序给出其重要程度，标在后面的括号内，以1表示最重要，2表示次之……以此类推。非常感谢您对我们工作的支持！并希望您多提宝贵意见。

指　标	排序	指　标	排序
一、生态效益指标			
（1）森林防护指标	（　）	（2）释氧价值	（　）
（3）湿地面积	（　）	（4）净化水质价值	（　）
（5）森林固土价值	（　）	（6）土壤侵蚀模数	（　）
（7）物种保育价值	（　）	（8）风沙日数减少率	（　）
（9）积累营养物质	（　）	（10）净化大气环境	（　）
（11）固碳价值	（　）	（12）控制水土流失面积	（　）
（13）森林覆盖率	（　）	（14）森林蓄积量	（　）
（15）调节水量价值	（　）	（16）森林保肥价值	（　）
（17）荒漠化土地减少率	（　）	（18）年径流系数	（　）

续表

指　标	排序	指　标	排序
二、经济指标			
(1) 人均纯收入	( )	(2) 人均生产粮食产量	( )
(3) 林业产值增加率	( )	(4) 第三产业增长率	( )
(5) 人均生产畜牧品	( )	(6) 人均生产畜牧品增加率	( )
(7) 主要农作物单产	( )	(8) 农村妇女收入占家庭收入比重	( )
(9) 人均耕地面积	( )	(10) 城镇化水平	( )
(11) 农林牧渔业劳动力占农村劳动力比重	( )	(12) 地方 GDP	( )
(13) 林地面积	( )	(14) 土地利用结构	( )
(15) 地方财政收支	( )		( )
三、社会指标			
(1) 公众对治沙工作的意愿	( )	(2) 农村居民恩格尔系数	( )
(3) 农村干群及邻里关系	( )	(4) 群众对治沙工作的认同率	( )
(5) 儿童入学率	( )	(6) 人均住房面积	( )
(7) 政府间利益关系	( )	(8) 农村城镇人口占农村总人口比重	( )
(9) 农村基层组织数量	( )	(10) 群众对现有生活的满意度	( )
(11) 人口自然增长率	( )	(12) 劳动生产率增加率	( )
(13) 科技进步贡献率	( )	(14) 每千人拥有医生数	( )
(15) 农民市场观念	( )	(16) 科技贡献率增长率	( )
(17) 农民参加科技培训情况	( )		

附录4：宁夏荒漠化治理综合效益评价指标体系专家判断矩阵

各位专家、学者：

您好！为了对宁夏荒漠化治理综合效益进行综合评价，需要建立综合评价模型并确定指标的权重，我们从生态效益和社会经济效益两个方面选取了以下 19 个指标，现在需要您在百忙之中对每一领域内的指标进行两两比较，判断出其相对重要性。具体确定方法是：

1 表示 A、B 两个要素同等重要；则取 $b_{ij}=1$，$b_{ji}=1$

3 表示 A 要素比 B 要素稍微重要；则取 $b_{ij}=3$，$b_{ji}=1/3$

5 表示 A 要素比 B 要素较重要；则取 $b_{ij}=5$，$b_{ji}=1/5$

7 表示 A 要素比 B 要素重要得多；则取 $b_{ij}=7$，$b_{ji}=1/7$

9 表示 A 要素比 B 要素极端重要；则取 $b_{ij}=9$，$b_{ji}=1/9$

中间数 2、4、6、8 表示相应两者的中间级别；$b_{ji}=1/2$、1/4、1/6、1/8

非常感谢您对我们工作的支持！并希望您多提宝贵意见。

附表 1　　生态效益判断矩阵

生态效益 O_1	固碳释氧效益 A_1	涵养水源效益 A_2	保护土壤效益 A_3	荒漠化土地减少率 A_4	风沙日数减少率 A_5
固碳释氧效益 A_1	1				
涵养水源效益 A_2		1			
保护土壤效益 A_3			1		
荒漠化土地减少率 A_4				1	
风沙日数减少率 A_5					1

附表 2　　社会经济效益判断矩阵

社会经济效益 O_2	直接经济效益 A_6	间接经济效益 A_7	可量化的社会效益 A_8	潜在的社会效益 A_9
直接经济效益 A_6	1			
间接经济效益 A_7		1		
可量化的社会效益 A_8			1	
潜在的社会效益 A_9				1

附表 3　固碳释氧效益矩阵

固碳释氧效益 A_1	固碳价值 B_1	释氧价值 B_2
固碳价值 B_1	1	
释氧价值 B_2		1

附表 4　涵养水源效益矩阵

涵养水源效益 A_2	调节水量价值 B_3	净化水质价值 B_4
调节水量价值 B_3	1	
净化水质价值 B_4		1

附表 5　保护土壤效益矩阵

保护土壤效益矩阵 A_3	森林固土价值 B_5	森林保肥价值 B_6
森林固土价值 B_5	1	
森林保肥价值 B_6		1

附表 6　直接经济效益矩阵

直接经济效益 A_6	林业产值 B_9	人均纯收入 B_{10}	人均生产粮食 B_{11}	人均生产畜牧品 B_{12}
林业产值 B_9	1			
人均纯收入 B_{10}		1		
人均生产粮食 B_{11}			1	
人均生产畜牧品 B_{12}				1

附表 7　间接经济效益矩阵

间接经济效益 A_7	第三产业增长率 B_{13}	农村剩余劳动力转移率 B_{14}
第三产业增长率 B_{13}	1	
农村剩余劳动力转移率 B_{14}		1

附表 8　　可量化的社会效益矩阵

可量化的社会效益 A_8	劳动生产率增加率 B_{15}	农村居民恩格尔系数 B_{16}	科技贡献率增长率 B_{17}
劳动生产率增加率 B_{15}	1		
农村居民恩格尔系数 B_{16}		1	
科技贡献率增长率 B_{17}			1

附表 9　　潜在的社会效益矩阵

潜在的社会效益 A_9	群众对现有生活的满意度 B_{18}	群众对治沙工作的认同率 B_{19}
群众对现有生活的满意度 B_{18}	1	
群众对治沙工作的认同率 B_{19}		1

附录 5：宁夏农户参与荒漠化治理工程调查表

被调查户姓名：＿＿＿＿＿　　编号：＿＿＿＿＿

一　农户家庭成员基本情况

1. 您家属于＿＿＿县＿＿＿乡（镇）＿＿＿村，距离乡（镇）有＿＿＿里路程。

2. 您家共有＿＿＿口人，家中劳动力＿＿＿人，非劳动力人口＿＿＿人。

指　标	指标说明	a 户 主	b 家庭成员 1	c 家庭成员 2	d 家庭成员 3	e 家庭成员 4	f 家庭成员 5	g 家庭成员 6
1. 性别	1. 男　2. 女							
2. 与户主的关系	1. 夫妻　2. 父子 3. 父女　4. 儿媳 5. 孙子　6. 母子							
3. 年龄								
4. 民族	1. 汉族　2. 少数民族							
5. 身体健康状况	1. 健康　2. 不太健康 3. 多病							
6. 是否为党员	1. 是　2. 否							
7. 是否为合作社成员	1. 否　2. 是成员 3. 是合作社领导							
8. 家里是否有护林员	1. 是　2. 否							
9. 文化程度	上学年数							
10. 婚姻状况	1. 已婚　2. 离婚 3. 丧偶　4. 未婚							
11. 是否是家庭劳动力	1. 是　2. 否							
12. 主要从事行业	1. 农业　2. 农林牧兼业 3. 工业　4. 建筑业 5. 餐饮服务业　6. 文教卫生 7. 在校生　8. 其他							

二　家庭土地状况调查

指　标	1999 年	2005 年	2013 年
土地总面积			
（一）耕地经营面积			
地块数量			
最大地块面积			

续表

指　标	1999 年	2005 年	2013 年
最小地块面积			
（二）林地经营面积			
地块数量			
最大地块面积			
最小地块面积			
（三）牧草地经营面积			
（四）园地经营面积			
（五）荒山荒地面积			

三　生产情况调查

指　标	1999 年	2005 年	2013 年
一、种子投入情况			
种子使用量			
费用			
费用			
二、化肥/饲料投入情况			
化肥使用量			
费用			
饲料使用量			
费用			
三、农药投入情况			
农药使用量			
费用			
四、地膜投入情况			
地膜使用量			
费用			

四　家庭劳动力投入情况调查

指　标	1999 年	2005 年	2013 年
种植业：男性			
女性			
林业：男性			
女性			
畜牧业：男性			
女性			
当地副业：男性			
女性			
渔业：男性			
女性			
外出务工：男性			
女性			

五　家庭生产状况调查

指　标	1999 年	2005 年	2013 年
林草产品			
经济林产品 1（名称）			
播种面积			
产量			
销售量			
价格			
经济林产品 2（名称）			
播种面积			
产量			
销售量			
价格			
草业（名称）			
播种面积			
产量			

续表

指　标	1999 年	2005 年	2013 年
销售量			
价格			
非木质林产品 1（名称）			
播种面积			
产量			
销售量			
价格			
非木质林产品 2（名称）			
播种面积			
产量			
销售量			
价格			
农产品			
产品 1（名称）			
播种面积			
产量			
销售量			
价格			
产品 2（名称）			
播种面积			
产量			
销售量			
价格			
产品 3（名称）			
播种面积			
产量			
销售量			
价格			
经济作物			
产品 1（名称）			

续表

指　标	1999 年	2005 年	2013 年
播种面积			
产量			
销售量			
价格			
产品 2（名称）			
播种面积			
产量			
销售量			
价格			
产品 3（名称）			
播种面积			
产量			
销售量			
价格			
畜牧产品			
产品 1（名称）			
饲养头数			
卖出头数			
价格			
产品 2（名称）			
饲养头数			
卖出头数			
价格			
产品 3（名称）			
饲养头数			
卖出头数			
价格			
其他收入			
蔬菜			
播种面积			

续表

指　标	1999 年	2005 年	2013 年
产量			
销售量			
价格			
水产品			
数量			
销售量			
价格			
非农产业			
副业自主经营 1（名称）			
收入			
副业自主经营 2（名称）			
收入			
务工收入：长期工（本地）			
临时工（外地）			
工资收入：其他工资收入			
企业工资收入			
农业现金补贴			
其中：粮食直补			
农资综合补贴			
农机具购置补贴			
良种补贴			
退耕还林补贴			
天然林工程补贴			
禁牧补贴			
财产性收入			
耕地出租或转移收入			
林地租赁或买卖青山收入			
其他			
其他收入（礼金收入）			

六　家庭生活性现金消费支出状况

指　标	1999 年	2005 年	2013 年
食品			
烟酒茶			
服装			
燃料			
医疗卫生			
教育			
文化娱乐			
水电费			
交通			
通信			
其他（包括请客送礼现金支出等）			

七　荒漠化治理工程参加情况

1. 您家是否参与荒漠化治理工程？

1）有　　2）否

1.1　如果有，哪一年开始的？＿＿＿＿＿治理了多少亩荒漠？＿＿＿＿＿

1.2　参与的项目及补助情况

具体项目	是否参加	现金补贴标准（元/亩）	实物补贴标准	是否满意
防沙治沙				
退耕还林（草）				
“三北”防护林				
自然保护区				
禁牧				
生态移民				

2. 对荒漠化治理的认同度和对现有生活满意度的调查

请您填出 1975 年到 2013 年各个年度对荒漠化治理的认同度和对

现有生活的满意度

年份	1975	1978	1980	1985	1990	1995	2000	2005	2010	2013
对现有生活的满意度										
治沙认同率										

参考文献

中文著作

[1] 王正非:《森林气象学》,中国林业出版社 1985 年版。

[2] 孙立达:《水土保持林体系综合效益研究与评价》,中国科学技术出版社 1995 年版。

[3] 刘拓:《京津风沙源治理工程十年建设成效分析》,中国林业出版社 2010 年版。

[4] 周宏:《现代汉语辞海》,光明日报出版社 2003 年版。

[5] 丁圣彦:《生态学——面向人类生存环境的科学价值观》,科学出版社 2004 年版。

[6] 李世东:《中国荒漠化治理研究》,科学出版社 2004 年版。

[7] 李洪远、鞠美庭:《生态恢复的原理与实践》,化学工业出版社 2005 年版。

[8] 邬建国:《景观生态学——格局、过程、尺度与等级》,高等教育出版社 2000 年版。

[9] 傅伯杰、陈利顶:《景观生态学原理及应用》,科学出版社 2002 年版。

[10] 肖笃宁、胡远满、李秀珍:《环渤海三角洲湿地的景观生态学研究》,科学出版社 2001 年版。

[11] 任继周:《河西走廊山地—绿洲—荒漠复合系统及其耦合》,科学出版社 2007 年版。

[12] 牛若峰、刘天福:《农业技术经济手册》(修订本),农业出版社 1984 年版。

[13] 朱秉兰:《简明农机手册》,河南科学技术出版社 2001 年版。

[14] 骆世明、陈聿华、严斧:《农业生态学》，湖南科技出版社1987年版。
[15] 骆世明、彭少麟:《农业生态系统分析》，广东科技出版社1996年版。
[16] 汪应洛:《系统工程》，机械工业出版社2003年版。
[17] 王让会、张慧芝:《生态系统耦合的原理与方法》，新疆人民出版社2005年版。
[18] 李小云、靳乐山、左停等:《生态补偿机制：市场与政府的作用》，社会科学文献出版社2007年版。
[19] [美] 迈里克·弗里曼著:《环境与资源价值评估：理论与方法》，曾贤刚译，中国人民大学出版社2002年版。
[20] [英] 罗杰·珀曼:《自然资源与环境经济学》（第2版），侯元兆译，中国经济出版社2002年版。

中文论文

[1] 孙洪艳:《河北省坝上土地荒漠化机制及生态环境评价》，博士学位论文，中国地质大学，2005年。
[2] 张煜星、孙司衡:《联合国防治荒漠化公约的荒漠化土地范畴》,《中国沙漠》1998年第18期。
[3] 黄月艳:《干旱亚湿润区荒漠化治理效益评价》,《河北农业大学学报》（社会科学版）2010年第12期。
[4] 黄月艳:《干旱亚湿润区典型荒漠化治理工程效益评价》,《经济问题》2010年第10期。
[5] 杜英:《黄土丘陵区退耕还林生态系统耦合效应研究——以安塞县为例》，博士学位论文，西北农林科技大学，2008年。
[6] 黄月艳:《干旱亚湿润区荒漠化可持续治理模式构架》,《经济问题》2010年第12期。
[7] 李永平:《黄土高原不同防护类型农田土壤风蚀防控研究》，博士学位论文，西北农林科技大学，2009年。
[8] 贺大良、刘贤万:《风洞实验方法在沙漠学研究中的应用》,《地理研究》1983年第4期。

[9] 董治宝：《建立小流域风蚀量统计模型初探》，《水土保持通报》1998 年第 5 期。
[10] 张建国、杨建洲：《福建森林综合效益计量与评价》，《生态经济学》1994 年第 5 期。
[11] 杨玉珍：《我国生态、环境、经济系统耦合协调测度方法综述》，《科技管理研究》2013 年第 4 期。
[12] 任继周、葛文华、张自和：《草业畜牧业的出路在于建立草业系统》，《草业科学》1989 年第 5 期。
[13] 任继周、万长贵：《系统耦合与荒漠—绿洲草地农业系统》，《草业学报》1994 年第 4 期。
[14] 任继周、贺汉达、王宁：《荒漠—绿洲草地农业系统的耦合与模型》，《草业学报》1995 年第 4 期。
[15] 万里强、李向林：《系统耦合及其对农业系统的作用》，《草业学报》2002 年第 11 期。
[16] 伶玉权、龙花楼：《脆弱生态环境下的贫困地区可持续发展研究》，《中国人口·资源与环境》2003 年第 13 期。
[17] 董孝斌、高旺盛、严茂超：《基于能值理论的农牧交错带两个典型县域生态经济系统的耦合效应分析》，《农业工程学报》2005 年第 21 期。
[18] 万里强、侯向阳、任继周：《系统耦合理论在我国草地农业系统应用的研究》，《中国生态农业学报》2004 年第 12 期。
[19] 李华、申稳稳、俞书伟：《关于山东经济发展与人口—资源—环境协调度评价》，《东岳论丛》2008 年第 29 期。
[20] 张彩霞、梁婉君：《区域 PERD 综合协调度评价指标体系研究》，《经济经纬》2007 年第 3 期。
[21] 范士陈、宋涛：《海南经济特区县域可持续发展能力地域分异特征评析——基于过程耦合角度》，《河南大学学报》（自然科学版）2009 年第 39 期。
[22] 张子龙、陈兴鹏、焦文婷等：《庆阳市环境—经济耦合系统动态演变趋势分析：基于能值理论与计量经济分析模型》，《环

境科学学报》2010 年第 30 期。
[23] 王远、陈洁、周婧等:《江苏省能源消费与经济增长耦合关系研究》,《长江流域资源与环境》2010 年第 19 期。
[24] 薛冰、张子龙、郭晓佳等:《区域生态环境演变与经济增长的耦合效应分析——以宁夏回族自治区为例》,《生态环境学报》2010 年第 19 期。
[25] 周忠学、任志远:《陕北土地利用变化与经济发展耦合关系研究》,《干旱区资源与环境》2010 年第 24 期。
[26] 杨玉珍:《我国生态、环境、经济系统耦合协调测度方法综述》,《科技管理研究》2013 年第 4 期。
[27] 杨士弘:《广州城市环境与经济协调发展预测及调控研究》,《地理科学》1994 年第 2 期。
[28] 张晓东、池天河:《90 年代中国省级区域经济与环境协调度分析》,《地理研究》2001 年第 20 期。
[29] 叶敏强、张世英:《区域经济、社会、资源与环境系统协调发展衡量研究》,《数量经济技术经济研究》2001 年第 8 期。
[30] 汪波、方丽:《区域经济发展的协调度评价实证分析》,《中国地质大学学报》(社会科学版) 2004 年第 4 期。
[31] 张佰瑞:《我国区域协调发展度的评价研究》,《工业技术经济》2007 年第 26 期。
[32] 张福庆、胡海胜:《区域产业生态化耦合度评价模型及其实证研究——以鄱阳湖生态经济区为例》,《江西社会科学》2010 年第 4 期。
[33] 张青峰、吴发启、王力等:《黄土高原生态与经济系统耦合协调发展状况》,《应用生态学报》2011 年第 22 期。
[34] 柴莎莎、延军平、杨谨菲:《山西经济增长与环境污染水平耦合协调度》,《干旱区资源与环境》2011 年第 25 期。
[35] 寇晓东、薛惠锋:《1992—2004 年西安市环境经济发展协调度分析》,《环境科学与技术》2007 年第 30 期。
[36] 赵涛、李晅煜:《能源—经济—环境 (3E) 系统协调度评价

模型研究》，《北京理工大学学报》（社会科学版）2008 年第 10 期。
[37] 于瑞峰、齐二石：《区域可持续发展状况的评估方法研究及应用》，《系统工程理论与实践》1998 年第 18 期。
[38] 刘艳清：《区域经济可持续发展系统的协调度研究》，《社会科学辑刊》2000 年第 5 期。
[39] 张晓东、朱德海：《中国区域经济与环境协调度预测分析》，《资源科学》2003 年第 25 期。
[40] 陈静、曾珍香：《社会、经济、资源、环境协调发展评价模型研究》，《科学管理研究》2004 年第 3 期。
[41] 刘晶、敖浩翔、张明举：《重庆市北碚区经济、社会和资源环境协调度分析》，《长江流域资源与环境》2007 年第 16 期。
[42] 毕其格、宝音、李百岁：《内蒙古人口结构与区域经济耦合的关联分析》，《地理研究》2007 年第 26 期。
[43] 乔标、方创琳：《城市化与生态环境协调发展的动态耦合模型及其在干旱区的应用》，《生态学报》2005 年第 25 期。
[44] 闫军印、赵国杰：《区域矿产资源开发生态经济系统及其模拟分析》，《自然资源学报》2009 年第 8 期。
[45] 杨木、奚砚涛、李高金：《徐州市生态环境—社会经济系统耦合态势分析》，《水土保持研究》2012 年第 2 期。
[46] 王双怀：《中国西部土地荒漠化问题探索》，《西北大学学报》（哲学社会科学版）2005 年第 4 期。
[47] 朱震达：《中国土地荒漠化的概念、成因与防治》，《第四纪研究》1998 年第 2 期。
[48] 董孝斌、高旺盛：《关于系统耦合理论的探讨》，《中国农学通报》2005 年第 21 期。
[49] 欧阳资文：《喀斯特峰丛洼地不同退耕还林还草模式的生态效应研究》，博士学位论文，湖南农业大学，2010 年。
[50] 邱扬、傅伯杰：《土地持续利用评价的景观生态学基础》，《资源科学》2000 年第 6 期。

[51] 赵安玖、胡庭兴、陈小红、李臣：《退耕坡地系统生态综合评价中几个景观生态学问题》，《四川林业科技》2006 年第 6 期。

[52] 王继军等：《生态经济学理论在环境恢复与重建中的应用》，《贵州林业科技》2004 年第 5 期。

[53] 林慧龙、侯扶江：《草地农业生态系统中的系统耦合与系统相悖研究动态》，《生态学报》2004 年第 24 期。

[54] 马俊杰、程金香、张志杰、王伯铎：《生态工业园区建设中的耦合问题及其实施途径研究》，《地球科学进展》2004 年第 S1 期。

[55] 孙长春：《宁夏土地荒漠化现状与防治措施》，《绿色中国》2003 年第 2 期。

[56] 李庆波：《浅谈宁夏土地荒漠化成因及防治对策》，《宁夏农林科技》2011 年第 52 期。

[57] 朱丽娟、朱秀娟：《宁夏土地荒漠化现状与防治措施》，《宁夏农林科技》2001 年第 4 期。

[58] 于丽政、李卫忠、何婧娜：《宁夏“三北”防护林建设成效与问题研究》，《西北林学院学报》2008 年第 23 期。

[59] 乌日噶：《内蒙古荒漠化治理制度分析与市场化制度构建》，博士学位论文，中央民族大学，2013 年。

[60] 柯水发：《农户参与退耕还林行为理论与实证研究》，博士学位论文，北京林业大学，2007 年。

[61] 李春米：《中国退耕还林：一种制度体系创新》，博士学位论文，西北大学，2007 年。

[62] 刘明远、郑奋田：《论政府包办型生态建设补偿机制的低效性成因及应对策略》，《生态经济》2006 年第 2 期。

[63] 刘明远：《生态建设不应由政府包办》，《北方经济（内蒙）》2005 年第 6 期。

[64] 刘志坚：《土地利用规划的公众参与研究》，博士学位论文，南京农业大学，2007 年。

[65] 孟伟庆、李洪远、鞠美庭：《PPPUE 模式及在中国的应用前景探讨》，《环境保护科学》2005 年第 5 期。
[66] 苏扬：《政府治理模式研究——超越新公共管理》，《前沿》2007 年第 12 期。
[67] 孙楠、李洪远、鞠美庭、何兴东、郑巧：《应用 PPP 模式解决我国荒漠化问题探讨》，《中国水土保持》2007 年第 4 期。
[68] 孙颖、王得祥、张浩、李志刚、魏耀锋、胡天华：《宁夏森林生态系统服务功能的价值研究》，《西北农林科技大学学报》（自然科学版）2009 年第 12 期。
[69] 范克钧、李永平、王秀琴等：《大六盘生态经济圈对固原市农业综合生产力要素作用分析》，《宁夏农林科技》2010 年第 1 期。
[70] 汤建影、周德群：《基于 DEA 模型的矿业城市经济发展效率评价》，《煤炭学报》2003 年第 4 期。
[71] 曹彤、郭亚军、周丹、冯烈：《退耕还林对志丹县农业生产效率的影响——基于乡镇视角》，《林业经济》2014 年第 5 期。
[72] 李卫忠、吴付英、吴总凯等：《退耕还林对农户经济影响的分析——以陕西省吴起县为例》，《西北林学院学报》2007 年第 22 期。
[73] 蓝盛芳、钦佩：《生态系统的能值分析》，《应用生态学报》2001 年第 12 期。
[74] 隋春花、张耀辉、蓝盛芳：《环境—经济系统能值评价》，《重庆环境科学》1999 年第 21 期。
[75] 尚清芳、张静、米丽娜：《定量分析生态经济系统演化的新途径——能值分析》，《甘肃科技》2007 年第 23 期。
[76] 王闫平：《基于能值的山西省农业生态系统动态分析》，博士学位论文，湖南农业大学，2009 年。
[77] 孔忠东、徐程扬、杜纪山：《退耕还林工程效益评价研究综述》，《西北林学院学报》2007 年第 22 期。
[78] 吕晓、刘新平：《农用地生态经济系统耦合发展评价研究——

以新疆塔里木河流域为例》，《资源科学》2010 年第 32 期。
[79] 贾士靖、刘银仓、邢明军：《基于耦合模型的区域农业生态环境与经济协调发展研究》，《农业现代化研究》2008 年第 5 期。
[80] 赵宏林：《城市化进程中的生态环境评价及保护》，博士学位论文，东华大学，2008 年。
[81] 张书红、魏峰群：《基于耦合度模型下旅游经济与交通优化互动研究——以河北省为例》，《陕西农业科学》2012 年第 4 期。
[82] 郭亚军、姚顺波、李桦：《退耕还林政策对吴起县农业综合生产力的影响分析》，《中国农业科技导报》2008 年第 4 期。
[83] 董光荣、吴波、慈龙骏、周欢水、卢琦、罗斌：《我国荒漠化现状、成因与防治对策》，《中国沙漠》1999 年第 4 期。
[84] 侯天琛：《"僵化"的大地：土地荒漠化及其治理》，《生态经济》2013 年第 10 期。
[85] 马正党：《青海省土地荒漠化现状及其治理》，《攀登》2002 年第 5 期。
[86] 丛培林：《土地荒漠化及其防治研究概述》，《内蒙古科技与经济》2013 年第 17 期。

英文文献

[1] Bagnold R. A., *The Physics of Blown Sand and Desert Dunes*, New York: William Morrow & Co., 1943, p. 12.
[2] Chepil, W. S., "Dynanics of wind erosion II. Initiation of soil movement", *Soil Science*, No. 60, 1945.
[3] Fryrear D. W., Saleh A. "Wind Erosion: Field Length", *Soil Science*, No. 6, 1996.
[4] Bocharov A. P., *A Description of Devices Used in Erosion of Soils*, New Delhi: Oxonian Press, 1984, p. 63.
[5] Hagen L. T., "Evaluation of the Wind Erosion Prediction System (WEPS) Erosion Snbmodel on Cropland Fields", *Environmental*

Modelling & Software, No. 19, 2004, pp. 171 - 176.

[6] Costanza Robert, John Cumberland, Herman Daly et al., *An Introduction to Ecological Economics*, Florida: St. Lucie Press, 1997, p. 63.

[7] Bockstael N., Costanza R., Strand I. et al., "Ecological Economic Modeling and Valuation of Ecosystems", *Ecological Economics*, Vol. 14, No. 2, 1995, pp. 143 - 159.

[8] Costanza Robert, Arge Ralph, De Groot Rudolf et al., "The Value of World's Ecosystem Services and Natural Capital", *Ecological Economics*, Vol. 25, No. 1, 1998, pp. 3 - 15.

[9] Costanza Robert, "The Value of Ecosystem Services", *Ecological Economics*, Vol. 25, No. 1, 1998, pp. 112 - 116.

[10] Costanza Robert, Arge Ralph, De Groot Rudolf et al., "The Value of Ecosystem Services: Putting the Issues in Perspective", *Ecological Economics*, Vol. 25, No. 1, 1998, pp. 67 - 72.

[11] Braat L., Van Lieop W., "Economic - Ecological Modeling an Introduction to Methods and Application", *Ecological modeling*, Vol. 3, No. 1, 1986, pp. 33 - 44.

[12] Common M., Perrings C., "Towards an Ecological Economics of Sustainability", *Ecological Economics*, Vol. 6, No. 1, 1992, pp. 7 - 34.

[13] UNCOD, *Desertification: Its Causes and Consequences*, Oxford: Pergamon Press, 1977, p. 86.

[14] Odum H. T., "Self - Organization, Transformity, and Information", *Science*, No. 242, 1988, pp. 1132 - 1139.

[15] Odum H. T., *Environmental Accounting: Energy and Environmental Decision Making*, New York: Wiley Press, 1996, p. 126.

[16] Odum H. T, Odum, E. C., *A Prosperous Way Down: Principles and Policies*, Colorado : University Press of Colorado, 2001, p. 158.

致　谢

在我写到致谢的时候，博士生活的点滴就像昨天刚发生的事情一样，清晰而历历在目，让人难以忘怀。

首先要感谢的是我的导师姚顺波教授。在三年多的博士生涯中，姚老师给予我的帮助和指导，是我这一生应该铭记于心的。三年前，当我非常迷茫地踏进西农校园，不知道自己未来的博士生涯如何规划的时候，姚老师及时为我指点迷津，使我很快找到了自己的研究方向。此后从论文的开题、实地调研、论文写作的每一个环节，都离不开姚顺波教授的支持和指正。对我来说，姚老师既是以渊博的知识、严谨的治学态度教育学生的良师，又是以“说好话、做好事、存好心”的做人处世方式影响我们做人的楷模。这几年，在姚老师的宽严并济的领导下，资源经济管理中心的许多年轻老师和学生在学术上都取得了不俗的成绩。在本书即将付梓之际，特向姚老师表示最衷心的感谢和祝福！同时感谢师母张雅丽老师在学习及生活上对我的关心和照顾！

感谢经济管理学院霍学喜教授、陆迁教授、郑少锋教授、王礼力教授、孔荣教授、赵敏娟教授、朱玉春教授、李世平教授、姜志德教授等，你们给我传授了宝贵的知识；你们在本书写作过程中提出的修改意见，使本书的质量得以提升。感谢学院白晓红老师和郭亚军老师、骆耀峰老师、龚直文老师、张寒老师给予的帮助和鼓励。

感谢我生活和工作的西安石油大学，为我提供了学习的平台，感谢赵选民教授、李琳教授、张奇志教授、肖焰副教授、王毓军博士、孙焕婷老师、董艳云老师给予的无私帮助。

在调研的过程中，要特别感谢宁夏回族自治区林业厅、退耕办、农业厅、气象厅以及市县林业局的相关工作人员给予的支持。同时感谢我的师弟和师妹——林颖、王怡菲、陈林、姚柳杨、徐文成等。也感谢我的同学——张学会、邓凯、杨秀丽、田杰。攻读博士学位是一个对人历练的过程，充满着痛苦和甜蜜。在不断付出的同时也收获着幸福。读博不易，且行且珍惜！希望我们的友谊地久天长！

特别感谢我的父母。在我读博士的时候，我的女儿才两岁，母亲毫无怨言地帮我照顾孩子，以她的实际行动支持我，使我毫无后顾之忧地坚持求学之路。感谢我的爱人在求学路上给予我的鼓励和支持！这几年来，我们共同进步，相濡以沫。感谢我可爱的女儿给我提供的无尽奋斗的动力！虽然现在远在大洋彼岸，但是你们的快乐是我这一生最大的幸福！人生如此，夫复何求！